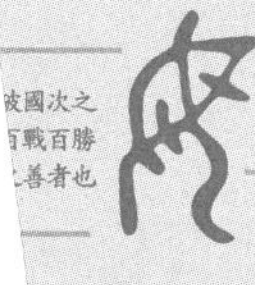

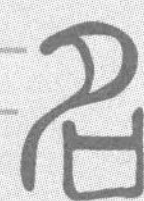

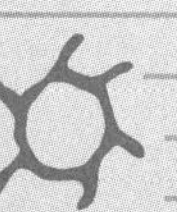

고전 읽기 인문학 글쓰기

손자병법 필사노트

손무 원저
시사정보연구원 편저

孫子兵法

시사패스
SISAPASS.COM

고전 읽기 인문학 글쓰기

孫子兵法 손자병법 필사노트

2쇄 인쇄 2021년 10월 12일

원저자 손무
편저자 시사정보연구원
발행인 권윤삼
발행처 도서출판 산수야

등록번호 제1-1515호
주소 서울시 마포구 월드컵로 165-4
우편번호 03962
전화 02-332-9655
팩스 02-335-0674

ISBN 978-89-8097-428-3 43390

값은 뒤표지에 있습니다. 잘못된 책은 바꾸어 드립니다.

이 도서의 국립중앙도서관 출판시도서목록(CIP)은
서지정보유통지원시스템 홈페이지(http://seoji.nl.go.kr)와
국가자료공동목록시스템(http://www.nl.go.kr/kolisnet)에서 이용하실 수 있습니다.
(CIP제어번호: CIP2018001260)

★ 머리말

인간관계와 심리를 다룬 인문학 고전 『손자병법』

현대 사회를 살아가는 우리는 복잡한 인간관계와 사회관계 안에서 현명하게 살아가기를 희망합니다. 하루하루를 좋은 환경, 좋은 관계 속에서 지내고 싶다는 희망사항을 품고 살아가지요. 하지만 주변 여건은 녹록지 않습니다. 나의 행동이나 말이 오해를 불러일으켜 의도하지 않은 결과로 되돌아올 때도 있고, 때로는 상대방에게 상처를 주거나 반대로 받는 일들도 경험했을 것입니다.

우리는 서로가 유기체적인 관계를 맺고 있는 공동체 속에서 생활하고 있습니다. 크게는 지구라는 공동체가 있고, 작게는 국가, 사회, 가정 등으로 나눌 수 있습니다. 공동체에서 내가 속한 관계들을 이해하고 잘 유지하기 위해서는 '사람들과 사귀며 살아가는' 처세가 필요합니다. 『손자병법』은 그런 처세를 배울 수 있는 고전입니다. 『손자병법』은 군사전략뿐만 아니라 지혜와 정보와 사람을 다루는 처세술에 관하여 깊은 통찰과 깨달음을 담고 있기 때문에 인간관계와 심리를 다룬 인문학 고전이라고 일컫습니다.

『손자병법』이 탄생한 춘추전국시대는 국가의 존망이 전쟁으로 결정되던 시대였습니다. 전쟁이 곧 삶이었던 그 시대에 손무는 모든 역량을 동원하여 『손자병법』을 썼습니다. 『손자』, 『오손자병법』, 『손무병법』으로 불리기도 하는 『손자병법』은 『한서』 예문지에 82편, 도록 9권이라고 기록되어 있으나, 현재 남아 있는 송본에는 총 13편만이 전해지고 있습니다.

『손자병법』은 우리가 익히 아는 것처럼 전쟁에서 이기는 방법을 알려주는 책입니다.

우세한 병력, 세의 형성, 민첩한 기동작전, 지형의 이용, 병사를 다루는 법 등을 압축적으로 보여주는 다양한 원칙들은 전 세계의 명장들에게 사랑받았습니다. 조조는 화공편의 요점만을 엮어 『맹덕신서』를 편찬하기도 하였습니다. 이순신 장군도 『손자병법』을 애독하였으며, 나폴레옹 역시 이 책을 애독했다고 전해집니다. 미 육군사관학교를 비롯하여 세계 각국의 군대에서 교과서로 삼을 만큼 그 가치와 의미를 인정받고 있는 『손자병법』은 국경과 시대를 초월하여 지혜를 전하는 고전 중의 고전입니다.

『손자병법』의 인기는 군사전략 분야에만 국한된 것이 아닙니다. 인간관계와 심리를 다루고 있는 철학책이기 때문에 오늘날 우리들에게 삶의 지혜를 통찰하게 합니다. 특히 세계를 움직이는 리더들이 머리맡에 두고 틈만 나면 펼쳐보는 책이라고 고백하면서 유명세를 타기도 했습니다.

우리가 인간관계와 심리를 다룬 인문학 고전이라 불리는 『손자병법』을 공부하는 것은 우리의 마음 바탕을 계발하기 위해서입니다. 본사는 『손자병법』을 처음 접하는 독자들을 위하여 『손자병법 필사노트』를 출간하게 되었습니다.

이 책은 고전 입문자들을 위해 『손자병법』 중에서 널리 알려진 구절을 가려 뽑아서 한자와 한글을 쓰면서 익힐 수 있도록 기획했습니다. 큰 울림이 있는 구절들을 손으로 쓰면서 마음에 새길 수 있도록 만들었기 때문에 깊은 사고와 함께 바르고 예쁜 글씨도 덤으로 익힐 수 있습니다. 옛 성인들의 말씀을 통하여 지식에 대한 흥미, 사회에 대한 흥미, 자신의 미래, 인간에 대한 이해와 통찰을 배우기를 희망합니다. 마음의 양식을 오랫동안 기억할 수 있도록 편집했으니 꼭 활용하여 내 것으로 만들어 보기 바랍니다.

知彼知己 白戰不殆

적을 알고 나를 알면 백번 싸워도 위태롭지 않다.

★ 차례

★ 한자 쓰기의 기본 원칙

1. 위에서 아래로 쓴다.

言(말씀 언) → 亠 二 三 言 言 言 言

雲(구름 운) → 一 厂 币 币 币 雨 雨 雨 雲 雲 雲 雲

2. 왼쪽에서 오른쪽으로 쓴다.

江(강 강) → 丶 冫 氵 氵 汀 江

例(법식 예) → 丿 亻 仁 仃 伢 例 例 例

3. 가로획과 세로획이 겹칠 때는 가로획을 먼저 쓴다.

用(쓸 용) → 丿 冂 月 月 用

共(함께 공) → 一 十 廾 廾 共 共

4. 삐침과 파임이 만날 때는 삐침을 먼저 쓴다.

人(사람 인) → 丿 人

文(글월 문) → 丶 亠 方 文

5. 좌우가 대칭될 때에는 가운데를 먼저 쓴다.

小(작을 소) → 亅 小 小

承(받들 승) → 乛 了 子 手 手 承 承 承

6. 둘러 싼 모양으로 된 자는 바깥쪽을 먼저 쓴다.

同(같을 동) → 丨 冂 冂 同 同 同

病(병날 병) → 丶 亠 广 广 疒 疒 疒 病 病 病

7. 글자를 가로지르는 가로획은 나중에 긋는다.

女(여자 녀) → 𡿨 女 女

母(어미 모) → 𡿨 母 母 母 母

8. 글자 전체를 꿰뚫는 세로획은 나중에 쓴다.

車(수레 거) → 一 厂 戸 戸 亘 亘 車

事(일 사) → 一 厂 戸 戸 写 写 事 事

9. 책받침(辶, 廴)은 나중에 쓴다

近(원근 근) → ㇒ 𠂆 斤 斤 丶斤 䜣 近

建(세울 건) → ㇕ ⺕ ⺕ ⺕ 聿 聿 律 建 建

10. 오른쪽 위에 점이 있는 글자는 그 점을 나중에 찍는다.

犬(개 견) → 一 ナ 大 犬

成(이룰 성) → 丿 厂 F 万 成 成 成

■ 한자의 기본 점(點)과 획(劃)

(1) 점

①「丶」: 왼점　　②「丶」: 오른점

③「丶」: 오른 치킴　　④「丶」: 오른점 삐침

(2) 직선

⑤「一」: 가로긋기　　⑥「丨」: 내리긋기

⑦「乛」: 평갈고리　　⑧「亅」: 왼 갈고리

⑨「𠄌」: 오른 갈고리

(3) 곡선

⑩「丿」: 삐침　　⑪「㇀」: 치킴

⑫「㇏」: 파임　　⑬「辶」: 받침

⑭「亅」: 굽은 갈고리　　⑮「㇂」: 지게다리

⑯「㇃」: 누운 지게다리　　⑰「乚」: 새가슴

인문학 고전읽기 손자병법 필사노트
이렇게 활용하세요!

* **손자병법은 인간관계와 심리를 다룬 고전입니다.** 군사전략과 인간관계와 심리를 다룬 고전으로 손꼽는 책이 바로 『손자병법』입니다. 삶을 통찰하는 최고의 책으로 손꼽히니 여러분의 마음에 새겨서 자신의 것으로 만드는 것이 무엇보다 중요합니다. 마음에 새겨 놓으면 어떤 일이 닥쳐왔을 때 지혜를 발휘할 수 있기 때문이지요.

* **매일매일 손자병법 문장을 하나씩 소리 내어 익혀봅시다.** 스스로 학습 시간을 정해서 손자병법의 문장을 소리 내어 읽고 직접 손으로 쓰면서 마음에 새기도록 합니다. 우리의 생활에 꼭 필요한 내용들을 담고 있기 때문에 내면이 바르고 성숙한 인격체로 성장할 수 있도록 도와줍니다.

* **두뇌 발달과 사고력 증가, 집중력 강화에 좋아요.** 우리의 뇌에는 손과 연결된 신경세포가 가장 많습니다. 손가락을 많이 움직이면 뇌세포가 자극을 받아 두뇌 발달을 돕게 됩니다. 어르신들의 치료와 질병 예방을 위해 손가락 운동을 권장하는 것도 뇌를 활성화시키기 위해서입니다. 많은 연구자들의 결과가 증명하듯 글씨를 쓰면서 학습하면 우리의 뇌가 활성화되고 기억력이 증진되어 학습효과가 월등히 좋아집니다.

* **혼자서도 맵시 있고, 단정하고, 예쁘고 바른 글씨체를 익힐 수 있습니다.** 손자병법의 문장을 쓰다 보면 삐뚤빼뚤하던 글씨가 가지런하고 예쁜 글씨로 바뀌게 됩니다. 글씨는 예부터 인격을 대변한다고 합니다. 이 책은 명언을 익히면서 가장 효율적인 학습효과를 내는 스스로 학습하는 힘을 길러줌과 동시에 단정하고 예쁜 글씨를 쓸 수 있도록 이끌어 줍니다.

孫子曰 兵者 國之大事 死生之地
存亡之道 不可不察也 故經之以五
校之以計 而索其情 一曰道 二曰天
三曰地 四曰將 五曰法

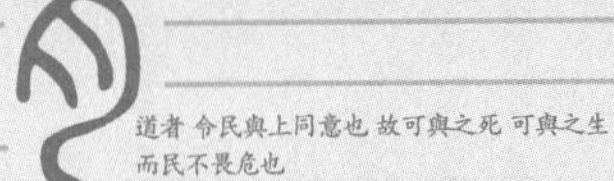

道者 令民與上同意也 故可與之死 可與之生
而民不畏危也

將者 智 信 仁 勇 嚴也 法者 曲制
官道 主用也 計利以聽 乃爲之勢
以佐其外 勢者 因利而制權也

孫子曰 凡用兵之法 全國爲上 破國次之
全軍爲上 破軍次之 是故百戰百勝
非善之善者也 不戰而屈人之兵 善之善者也

兵者 詭道也 故能而示之不能
用而示之不用 近而示之遠 遠而示之近
利而誘之 亂而取之 實而備之
強而避之 怒而撓之 卑而驕之

第一

始計篇

시계편

故上兵 伐謀 其次 伐交 其次
伐兵 其下攻城 故善用兵者
屈人之兵而非戰也 拔人之城而非攻也

國之貧於師者遠輸 遠輸則百姓貧
近於師者貴賣 貴賣則百姓財竭
財竭則急於丘役

夫將者 國之輔也 輔周則國必强
輔隙則國必弱 上下同欲者勝 以虞待不虞者勝
將能而君不御者勝 此五者 知勝之道也

孫子曰 兵者 國之大事 死生之地
손 자 왈 병 자 국 지 대 사 사 생 지 지

存亡之道 不可不察也
존 망 지 도 불 가 불 찰 야

손자가 말하였다. 전쟁은 국가의 중대한 일로 생사의 갈림길이요, 존망이 결정되는 길이니 깊이 살피지 않을 수 없다.

孫	子	曰	兵	者	國	之	大	事	死	生	之
손자 **손**	아들 **자**	가로 **왈**	병사 **병**	놈 **자**	나라 **국**	갈 **지**	클 **대**	일 **사**	죽을 **사**	날 **생**	갈 **지**
地	存	亡	之	道	不	可	不	察	也		
땅 **지**	있을 **존**	망할 **망**	갈 **지**	길 **도**	아닐 **불**	옳을 **가**	아닐 **불**	살필 **찰**	어조사 **야**		

故經之以五 校之以計 而索其情 一
고 경 지 이 오 교 지 이 계 이 색 기 정 일

曰道 二曰天 三曰地 四曰將 五曰法
왈 도 이 왈 천 삼 왈 지 사 왈 장 오 왈 법

그러므로 다섯 가지 사항으로 헤아리고 계책으로써 이를 비교하여 실상을 탐색한다. 첫째는 도이고, 둘째는 하늘이며, 셋째는 땅이고, 넷째는 장군이며, 다섯째는 법이다.

故	經	之	以	五	校	之	以	計	而	索	其
연고 고	지날 경	갈 지	써 이	다섯 오	학교 교	갈 지	써 이	셀 계	말 이을 이	찾을 색	그 기
情	一	曰	道	二	曰	天	三	曰	地	四	曰
뜻 정	한 일	가로 왈	길 도	두 이	가로 왈	하늘 천	석 삼	가로 왈	땅 지	넉 사	가로 왈
將	五	曰	法								
장수 장	다섯 오	가로 왈	법 법								

道者 令民與上同意也 故可與之死
도자 영민여상동의야 고가여지사

可與之生 而民不畏危也
가여지생 이민불외위야

도란 백성들로 하여 위와 뜻을 같이 하게 하는 것이다. 그러면 함께 죽고 함께 살며 위태로움도 두려워하지 않는다.

道	者	令	民	與	上	同	意	也	故	可	與
길 **도**	놈 **자**	하여금 **영**	백성 **민**	더불 **여**	윗 **상**	한가지 **동**	뜻 **의**	어조사 **야**	연고 **고**	옳을 **가**	더불 **여**
之	死	可	與	之	生	而	民	不	畏	危	也
갈 **지**	죽을 **사**	옳을 **가**	더불 **여**	갈 **지**	날 **생**	말 이을 **이**	백성 **민**	아닐 **불**	두려워할 **외**	위태할 **위**	어조사 **야**

將者 智 信 仁 勇 嚴也 法者 曲制
장 자 지 신 인 용 엄 야 법 자 곡 제

官道 主用也
관 도 주 용 야

장이란 지혜, 신뢰감, 인자함, 용기, 엄격함이다. 법이란 곡제(행정 및 군사제도) 관도(인사와 수송) 주용(군수품과 재정)이다.

將	者	智	信	仁	勇	嚴	也	法	者	曲	制
장수 **장**	놈 **자**	지혜 **지**	믿을 **신**	어질 **인**	용감할 **용**	엄할 **엄**	어조사 **야**	법 **법**	놈 **자**	굽을 **곡**	절제할 **제**
官	道	主	用	也							
벼슬 **관**	길 **도**	임금 **주**	쓸 **용**	어조사 **야**							

計利以聽 乃爲之勢 以佐其外 勢者
계리이청 내위지세 이좌기외 세자

因利而制權也
인리이제권야

이익이 있다고 판단되면 이를 따르고, 또한 이에 더하여 세를 이룸으로써 그 이익을 더욱 크게 한다. 세란 이익을 바탕으로 권(변수)을 만드는 것이다.

計	利	以	聽	乃	爲	之	勢	以	佐	其	外
셀 계	이로울 리	써 이	들을 청	이에 내	할 위	갈 지	형세 세	써 이	도울 좌	그 기	바깥 외
勢	者	因	利	而	制	權	也				
형세 세	놈 자	인할 인	이로울 리	말 이을 이	절제할 제	권세 권	어조사 야				

兵者 詭道也 故能而示之不能 用而
병자 궤도야 고능이시지불능 용이

示之不用 近而示之遠 遠而示之近
시지불용 근이시지원 원이시지근

용병이란 속임수이다. 그러므로 할 수 있지만 할 수 없는 것처럼 보이게 하고 사용하고 있지만 사용하지 않는 것처럼 보이게 하며, 가까이 있지만 멀리 있는 것처럼 보이게 하고 멀리 있지만 가까이 있는 것처럼 보이게 하는 것이다.

兵	者	詭	道	也	故	能	而	示	之	不	能
병사 병	놈 자	속일 궤	길 도	어조사 야	연고 고	능할 능	말 이을 이	보일 시	갈 지	아닐 불	능할 능
用	而	示	之	不	用	近	而	示	之	遠	遠
쓸 용	말 이을 이	보일 시	갈 지	아닐 불	쓸 용	가까울 근	말 이을 이	보일 시	갈 지	멀 원	멀 원
而	示	之	近								
말 이을 이	보일 시	갈 지	가까울 근								

利而誘之 亂而取之 實而備之 强而
이 이 유 지 난 이 취 지 실 이 비 지 강 이

避之 怒而撓之 卑而驕之
피 지 노 이 요 지 비 이 교 지

이익으로 유인하고 혼란할 때 취득하고 상대가 충실하면 방비하고 강하면 피하고 상대가 분노하면 부추기고 얕보이게 하여 교만하게 한다.

利	而	誘	之	亂	而	取	之	實	而	備	之
이로울 **이**	말 이을 **이**	꾈 **유**	갈 **지**	어지러울 **난**	말 이을 **이**	가질 **취**	갈 **지**	열매 **실**	말 이을 **이**	갖출 **비**	갈 **지**
强	而	避	之	怒	而	撓	之	卑	而	驕	之
강할 **강**	말 이을 **이**	피할 **피**	갈 **지**	성낼 **노**	말 이을 **이**	어지러울 **요**	갈 **지**	낮을 **비**	말 이을 **이**	교만할 **교**	갈 **지**

孫子曰 兵者 國之大事 死生之地
存亡之道 不可不察也 故經之以五
校之以計 而索其情 一曰道 二曰天
三曰地 四曰將 五曰法

道者 令民與上同意也 故可與之死 可與之生
而民不畏危也

將者 智信仁勇嚴也 法者 曲制
官道 主用也 計利以聽 乃爲之勢
以佐其外 勢者 因利而制權也

孫子曰 凡用兵之法 全國爲上 破國次之
全軍爲上 破軍次之 是故百戰百勝
非善之善者也 不戰而屈人之兵 善之善者也

兵者 詭道也 故能而示之不能
用而示之不用 近而示之遠 遠而示之近
利而誘之 亂而取之 實而備之
强而避之 怒而撓之 卑而驕之

故上兵 伐謀 其次 伐交 其次
伐兵 其下攻城 故善用兵者
屈人之兵而非戰也 拔人之城而非攻也

第二

作戰篇
작전편

國之貧於師者遠輸 遠輸則百姓貧
近於師者貴賣 貴賣則百姓財竭
財竭則急於丘役

夫將者 國之輔也 輔周則國必强
輔隙則國必弱 上下同欲者勝 以虞待不虞者勝
將能而君不御者勝 此五者 知勝之道也

其用戰也 勝久則屯兵挫銳 攻城則力
기 용 전 야 승 구 즉 둔 병 좌 예 공 성 즉 력

屈 久暴師則國用不足
굴 구 폭 사 즉 국 용 부 족

그 전쟁을 할 때 승리하더라도 오래 끌면 군대를 무디게 만들고 날카로운 기세가 꺾인다. 성을 공격하면 전력이 약해지고 오랫동안 군대를 파병하면 국가의 재정이 부족해진다.

其	用	戰	也	勝	久	則	屯	兵	挫	銳	攻
그 기	쓸 용	싸움 전	어조사 야	이길 승	오랠 구	곧 즉	진칠 둔	병사 병	꺾을 좌	날카로울 예	칠 공
城	則	力	屈	久	暴	師	則	國	用	不	足
성 성	곧 즉	힘 력	굽힐 굴	오랠 구	사나울 폭	스승 사	곧 즉	나라 국	쓸 용	아닐 부	발 족

故兵聞拙速 未睹巧之久也 夫兵久而
고 병 문 졸 속 미 도 교 지 구 야 부 병 구 이
國利者 未之有也
국 리 자 미 지 유 야

그러므로 전쟁에서 졸속은 들어도 교묘히 오래 끌어야 한다는 말은 듣지 못했다. 무릇 전쟁을 오래 끌어 국가에 이로운 예는 없었다.

故	兵	聞	拙	速	未	睹	巧	之	久	也	夫
연고 **고**	병사 **병**	들을 **문**	옹졸할 **졸**	빠를 **속**	아닐 **미**	볼 **도**	공교할 **교**	갈 **지**	오랠 **구**	어조사 **야**	지아비 **부**
兵	久	而	國	利	者	未	之	有	也		
병사 **병**	오랠 **구**	말 이을 **이**	나라 **국**	이로울 **리**	놈 **자**	아닐 **미**	갈 **지**	있을 **유**	어조사 **야**		

國之貧於師者遠輸 遠輸則百姓貧 近
국 지 빈 어 사 자 원 수 원 수 즉 백 성 빈 근

於師者貴賣 貴賣則百姓財竭 財竭則
어 사 자 귀 매 귀 매 즉 백 성 재 갈 재 갈 즉

急於丘役
급 어 구 역

국가가 군사로 인해 가난하게 되는 것은 멀리 수송하는 데 있다. 멀리 수송하면 백성은 가난해진다. 군사가 주둔한 근처의 물건은 귀하게 팔린다. 귀하게 팔리면 백성들의 재산이 바닥난다. 백성들의 재산이 바닥나면 구역이 급해진다.

國	之	貧	於	師	者	遠	輸	遠	輸	則	百
나라 **국**	갈 **지**	가난할 **빈**	어조사 **어**	스승 **사**	놈 **자**	멀 **원**	보낼 **수**	멀 **원**	보낼 **수**	곧 **즉**	일백 **백**
姓	貧	近	於	師	者	貴	賣	貴	賣	則	百
백성 **성**	가난할 **빈**	가까울 **근**	어조사 **어**	스승 **사**	놈 **자**	귀할 **귀**	팔 **매**	귀할 **귀**	팔 **매**	곧 **즉**	일백 **백**
姓	財	竭	財	竭	則	急	於	丘	役		
백성 **성**	재물 **재**	다할 **갈**	재물 **재**	다할 **갈**	곧 **즉**	급할 **급**	어조사 **어**	언덕 **구**	부릴 **역**		

故智將務食於敵 食敵一鍾 當吾二十
고 지 장 무 식 어 적 식 적 일 종 당 오 이 십

鍾 萁稈一石 當吾二十石
종 기 간 일 석 당 오 이 십 석

그러므로 지혜로운 장군은 적에게서 식량을 구해 먹는 데 힘쓴다. 적군의 식량 한 종을 먹는 것은 아군의 식량 이십 종을 먹는 것에 해당하며, 적의 말먹이 한 석은 아군이 마련한 이십 석에 해당한다.

故	智	將	務	食	於	敵	食	敵	一	鍾	當
연고 **고**	지혜 **지**	장수 **장**	힘쓸 **무**	밥 **식**	어조사 **어**	대적할 **적**	밥 **식**	대적할 **적**	한 **일**	쇠북 **종**	마땅 **당**
吾	二	十	鍾	萁	稈	一	石	當	吾	二	十
나 **오**	두 **이**	열 **십**	쇠북 **종**	콩대 **기**	볏짚 **간**	한 **일**	섬(돌) **석**	마땅 **당**	나 **오**	두 **이**	열 **십**
石											
섬(돌) **석**											

故兵貴勝 不貴久 故知兵之將 民之
고 병 귀 승 불 귀 구 고 지 병 지 장 민 지
司命 國家安危之主也
사 명 국 가 안 위 지 주 야

그러므로 용병은 승리가 귀중한 것이지 오래 끄는 것이 귀중한 것이 아니다. 그러므로 용병을 아는 장군은 백성의 생명을 책임지고, 국가의 안위를 책임지는 사람이다.

故	兵	貴	勝	不	貴	久	故	知	兵	之	將
연고 **고**	병사 **병**	귀할 **귀**	이길 **승**	아닐 **불**	귀할 **귀**	오랠 **구**	연고 **고**	알 **지**	병사 **병**	갈 **지**	장수 **장**
民	之	司	命	國	家	安	危	之	主	也	
백성 **민**	갈 **지**	맡을 **사**	목숨 **명**	나라 **국**	집 **가**	편안할 **안**	위태할 **위**	갈 **지**	임금 **주**	어조사 **야**	

孫子曰 兵者 國之大事 死生之地
存亡之道 不可不察也 故經之以五
校之以計 而索其情 一曰道 二曰天
三曰地 四曰將 五曰法

道者 令民與上同意也 故可與之死 可與之生
而民不畏危也

將者 智 信 仁 勇 嚴也 法者 曲制
官道 主用也 計利以聽 乃爲之勢
以佐其外 勢者 因利而制權也

孫子曰 凡用兵之法 全國爲上 破國次之
全軍爲上 破軍次之 是故百戰百勝
非善之善者也 不戰而屈人之兵 善之善者也

兵者 詭道也 故能而示之不能
用而示之不用 近而示之遠 遠而示之近
利而誘之 亂而取之 實而備之
强而避之 怒而撓之 卑而驕之

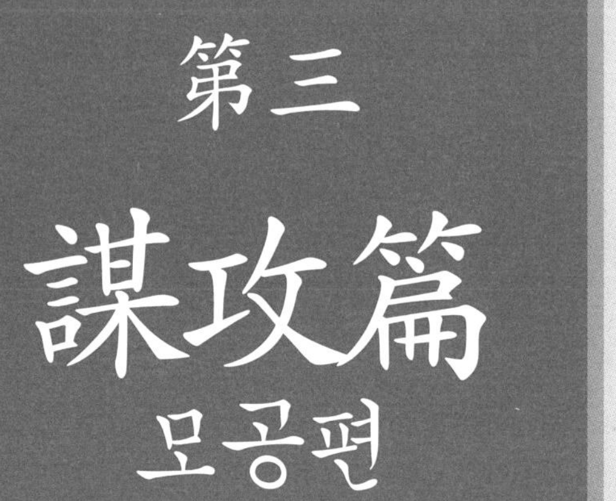

第三
謀攻篇
모공편

故上兵 伐謀 其次 伐交 其次
伐兵 其下攻城 故善用兵者
屈人之兵而非戰也 拔人之城而非攻也

國之貧於師者遠輸 遠輸則百姓貧
近於師者貴賣 貴賣則百姓財竭
財竭則急於丘役

夫將者 國之輔也 輔周則國必强
輔隙則國必弱 上下同欲者勝 以虞待不虞者勝
將能而君不御者勝 此五者 知勝之道也

孫子曰 凡用兵之法 全國爲上 破國次之 全軍爲上 破軍次之
손자왈 범용병지법 전국위상 파국차지 전군위상 파군차지

손자가 말하였다. 무릇 용병의 방법은 적국을 보존한 채 이기는 것이 최상이고 적국을 격파하여 이기는 것은 차선이다. 적의 군대를 보존한 채 이기는 것은 최상이고 적군을 격파하여 이기는 것은 차선이다.

孫	子	曰	凡	用	兵	之	法	全	國	爲	上
손자 **손**	아들 **자**	가로 **왈**	무릇 **범**	쓸 **용**	병사 **병**	갈 **지**	법 **법**	온전할 **전**	나라 **국**	할 **위**	윗 **상**
破	國	次	之	全	軍	爲	上	破	軍	次	之
깨뜨릴 **파**	나라 **국**	버금 **차**	갈 **지**	온전할 **전**	군사 **군**	할 **위**	윗 **상**	깨뜨릴 **파**	군사 **군**	버금 **차**	갈 **지**

是故百戰百勝 非善之善者也 不戰而
시 고 백 전 백 승 비 선 지 선 자 야 부 전 이

屈人之兵 善之善者也
굴 인 지 병 선 지 선 자 야

그러므로 백번 싸워 백번 이기는 것은 최선 중의 최선이 아니다. 싸우지 않고 적의 군대를 굴복시키는 것이 최선 중의 최선이다.

是	故	百	戰	百	勝	非	善	之	善	者	也
이 **시**	연고 **고**	일백 **백**	싸움 **전**	일백 **백**	이길 **승**	아닐 **비**	착할 **선**	갈 **지**	착할 **선**	놈 **자**	어조사 **야**
不	戰	而	屈	人	之	兵	善	之	善	者	也
아닐 **부**	싸움 **전**	말 이을 **이**	굽힐 **굴**	사람 **인**	갈 **지**	병사 **병**	착할 **선**	갈 **지**	착할 **선**	놈 **자**	어조사 **야**

故上兵 伐謀 其次 伐交 其次 伐兵
고 상 병 벌 모 기 차 벌 교 기 차 벌 병
其下攻城
기 하 공 성

그러므로 최상의 용병은 전략을 치는 것이고 차선은 외교를 치는 것이며 그다음 차선은 군대를 치는 것이고 최하의 방법은 성을 공격하는 것이다.

故	上	兵	伐	謀	其	次	伐	交	其	次	伐
연고 **고**	윗 **상**	병사 **병**	칠 **벌**	꾀 **모**	그 **기**	버금 **차**	칠 **벌**	사귈 **교**	그 **기**	버금 **차**	칠 **벌**
兵	其	下	攻	城							
병사 **병**	그 **기**	아래 **하**	칠 **공**	성 **성**							

故善用兵者 屈人之兵而非戰也 拔人之城而非攻也
고선용병자 굴인지병이비전야 발인지성이비공야

그러므로 용병을 잘하는 자는 전쟁을 하지 않고 적을 굴복시키고 적의 성을 공격하지 않고 빼앗는다.

故	善	用	兵	者	屈	人	之	兵	而	非	戰
연고 **고**	착할 **선**	쓸 **용**	병사 **병**	놈 **자**	굽힐 **굴**	사람 **인**	갈 **지**	병사 **병**	말 이을 **이**	아닐 **비**	싸움 **전**
也	拔	人	之	城	而	非	攻	也			
어조사 **야**	뽑을 **발**	사람 **인**	갈 **지**	성 **성**	말 이을 **이**	아닐 **비**	칠 **공**	어조사 **야**			

夫將者 國之輔也 輔周則國必强 輔隙則國必弱

부장자 국지보야 보주즉국필강 보극즉국필약

무릇 장군은 국가를 보필하는 자이다. 보필하는 것이 주도면밀하면 국가는 필히 강해지고 보필함에 틈이 생기면 국가는 필히 약해진다.

夫	將	者	國	之	輔	也	輔	周	則	國	必
지아비 부	장수 장	놈 자	나라 국	갈 지	도울 보	어조사 야	도울 보	두루 주	곧 즉	나라 국	반드시 필
强	輔	隙	則	國	必	弱					
강할 강	도울 보	틈 극	곧 즉	나라 국	반드시 필	약할 약					

知可以戰 與不可以戰者勝 識衆寡之用
지 가 이 전 여 불 가 이 전 자 승 식 중 과 지 용

者勝 上下同欲者勝 以虞待不虞者勝 將
자 승 상 하 동 욕 자 승 이 우 대 불 우 자 승 장

能而君不御者勝 此五者 知勝之道也
능 이 군 불 어 자 승 차 오 자 지 승 지 도 야

싸울만 한지 싸울 수 없는 상대인지 알면 승리한다. 병력이 많고 적음의 용병을 알면 승리한다. 상하가 같은 마음을 가지고 있으면 승리한다. 미리 염려하고 대비한 상태로 염려가 없고 대비하지 못한 적을 상대하면 승리한다. 장군의 능력이 뛰어나고 군주가 통제하지 않으면 승리한다. 이 다섯 가지는 승리를 예견할 수 있는 방법이다.

知	可	以	戰	與	不	可	以	戰	者	勝	識
알 **지**	옳을 **가**	써 **이**	싸움 **전**	더불 **여**	아닐 **불**	옳을 **가**	써 **이**	싸움 **전**	놈 **자**	이길 **승**	알 **식**
衆	寡	之	用	者	勝	上	下	同	欲	者	勝
무리 **중**	적을 **과**	갈 **지**	쓸 **용**	놈 **자**	이길 **승**	윗 **상**	아래 **하**	한가지 **동**	하고자할 **욕**	놈 **자**	이길 **승**
以	虞	待	不	虞	者	勝	將	能	而	君	不
써 **이**	염려할 **우**	기다릴 **대**	아닐 **불**	염려할 **우**	놈 **자**	이길 **승**	장수 **장**	능할 **능**	말 이을 **이**	임금 **군**	아닐 **불**
御	者	勝	此	五	者	知	勝	之	道	也	
거느릴 **어**	놈 **자**	이길 **승**	이 **차**	다섯 **오**	놈 **자**	알 **지**	이길 **승**	갈 **지**	길 **도**	어조사 **야**	

故曰 知彼知己 白戰不殆 不知彼而
고 왈 지 피 지 기 백 전 불 태 부 지 피 이

知己 一勝一負 不知彼不之己 每戰
지 기 일 승 일 부 부 지 피 부 지 기 매 전

必殆
필 태

그러므로 적을 알고 나를 알면 백 번 싸워도 위태롭지 않고, 적을 모르고 나를 알면 한 번은 이기고 한 번은 지며, 적도 모르고 나도 모르면 싸울 때마다 위태롭다.

故	曰	知	彼	知	己	白	戰	不	殆	不	知
연고 **고**	가로 **왈**	알 **지**	저 **피**	알 **지**	몸 **기**	흰 **백**	싸움 **전**	아닐 **불**	위태할 **태**	아닐 **부**	알 **지**
彼	而	知	己	一	勝	一	負	不	知	彼	不
저 **피**	말 이을 **이**	알 **지**	몸 **기**	한 **일**	이길 **승**	한 **일**	질 **부**	아닐 **부**	알 **지**	저 **피**	아닐 **부**
之	己	每	戰	必	殆						
갈 **지**	몸 **기**	매양 **매**	싸움 **전**	반드시 **필**	위태할 **태**						

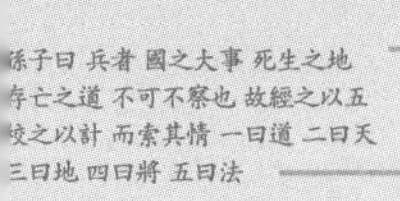
孫子曰 兵者 國之大事 死生之地
存亡之道 不可不察也 故經之以五
校之以計 而索其情 一曰道 二曰天
三曰地 四曰將 五曰法

道者 令民與上同意也 故可與之死 可與之生
而民不畏危也

將者 智 信 仁 勇 嚴也 法者 曲制
官道 主用也 計利以聽 乃爲之勢
以佐其外 勢者 因利而制權也

孫子曰 凡用兵之法 全國爲上 破國次之
全軍爲上 破軍次之 是故百戰百勝
非善之善者也 不戰而屈人之兵 善之善者也

兵者 詭道也 故能而示之不能
用而示之不用 近而示之遠 遠而示之近
利而誘之 亂而取之 實而備之
强而避之 怒而撓之 卑而驕之

故上兵 伐謀 其次 伐交 其次
伐兵 其下攻城 故善用兵者
屈人之兵而非戰也 拔人之城而非攻也

第四

軍形篇

군형편

國之貧於師者遠輸 遠輸則百姓貧
近於師者貴賣 貴賣則百姓財竭
財竭則急於丘役

夫將者 國之輔也 輔周則國必强
輔隙則國必弱 上下同欲者勝 以虞待不虞者勝
將能而君不御者勝 此五者 知勝之道也

孫子曰 昔之善戰者 先爲不可勝 以
손 자 왈 석 지 선 전 자 선 위 불 가 승 이

待敵之可勝 不可勝在己 可勝在敵
대 적 지 가 승 불 가 승 재 기 가 승 재 적

손자가 말하였다. 예부터 전쟁을 잘하는 자는 먼저 적이 나를 이길 수 없도록 만들고 적을 기다려 승리한다. 적이 이기지 못하는 것은 나에게 달려 있고, 내가 이기는 것은 적에게 달려 있다.

孫	子	曰	昔	之	善	戰	者	先	爲	不	可
손자 **손**	아들 **자**	가로 **왈**	예 **석**	갈 **지**	착할 **선**	싸움 **전**	놈 **자**	먼저 **선**	할 **위**	아닐 **불**	옳을 **가**
勝	以	待	敵	之	可	勝	不	可	勝	在	己
이길 **승**	써 **이**	기다릴 **대**	대적할 **적**	갈 **지**	옳을 **가**	이길 **승**	아닐 **불**	옳을 **가**	이길 **승**	있을 **재**	몸 **기**
可	勝	在	敵								
옳을 **가**	이길 **승**	있을 **재**	대적할 **적**								

故曰 勝可知 而不可爲 不可勝者 守
고 왈 승 가 지 이 불 가 위 불 가 승 자 수

也 可勝者 攻也 守則不足 攻則有餘
야 가 승 자 공 야 수 즉 부 족 공 즉 유 여

그러므로 말한다. 승리는 알 수 있지만 만들 수는 없다. 이길 수 없는 자는 지키고 이길 수 있는 자는 공격한다. 지키는 것은 부족할 때 하고 공격은 넉넉할 때 한다.

故	曰	勝	可	知	而	不	可	爲	不	可	勝
연고 **고**	가로 **왈**	이길 **승**	옳을 **가**	알 **지**	말 이을 **이**	아닐 **불**	옳을 **가**	할 **위**	아닐 **불**	옳을 **가**	이길 **승**
者	守	也	可	勝	者	攻	也	守	則	不	足
놈 **자**	지킬 **수**	어조사 **야**	옳을 **가**	이길 **승**	놈 **자**	칠 **공**	어조사 **야**	지킬 **수**	곧 **즉**	아닐 **부**	발 **족**
攻	則	有	餘								
칠 **공**	곧 **즉**	있을 **유**	남을 **여**								

善守者 藏於九地之下 善攻者 動於
선 수 자 장 어 구 지 지 하 선 공 자 동 어

九天之上 故能自保而全勝也
구 천 지 상 고 능 자 보 이 전 승 야

수비를 잘하는 자는 다양한 지형 아래 숨어 적을 막아내고 공격을 잘하는 자는 높은 하늘에서 움직이는 것처럼 적을 공격한다. 그러므로 능히 스스로 보전하며 완전한 승리를 거둔다.

善	守	者	藏	於	九	地	之	下	善	攻	者
착할 선	지킬 수	놈 자	감출 장	어조사 어	아홉 구	땅 지	갈 지	아래 하	착할 선	칠 공	놈 자
動	於	九	天	之	上	故	能	自	保	而	全
움직일 동	어조사 어	아홉 구	하늘 천	갈 지	윗 상	연고 고	능할 능	스스로 자	지킬 보	말 이을 이	온전할 전
勝	也										
이길 승	어조사 야										

古之所謂善戰者 勝於易勝者也 故善
고 지 소 위 선 전 자 승 어 이 승 자 야 고 선

戰者之勝也 無智名 無勇功 故其戰
전 자 지 승 야 무 지 명 무 용 공 고 기 전

勝不忒
승 불 특

고대로부터 전쟁을 잘하는 자는 쉬운 승리를 이루어 낸 자이다. 그러므로 전쟁을 잘하는 자의 승리에는 지장이라는 명성도 없고 용맹한 공도 없다. 고로 그 전쟁에서의 승리는 어긋남이 없다.

古	之	所	謂	善	戰	者	勝	於	易	勝	者
옛 **고**	갈 **지**	바 **소**	이를 **위**	착할 **선**	싸움 **전**	놈 **자**	이길 **승**	어조사 **어**	쉬울 **이**	이길 **승**	놈 **자**
也	故	善	戰	者	之	勝	也	無	智	名	無
어조사 **야**	연고 **고**	착할 **선**	싸움 **전**	놈 **자**	갈 **지**	이길 **승**	어조사 **야**	없을 **무**	지혜 **지**	이름 **명**	없을 **무**
勇	功	故	其	戰	勝	不	忒				
날랠 **용**	공 **공**	연고 **고**	그 **기**	싸움 **전**	이길 **승**	아닐 **불**	틀릴 **특**				

是故 勝兵 先勝而後求戰 敗兵 先戰
시 고 승 병 선 승 이 후 구 전 패 병 선 전

而後求勝 善用兵者 修道而保法 故
이 후 구 승 선 용 병 자 수 도 이 보 법 고

能爲勝敗之政
능 위 승 패 지 정

그러므로 승리하는 군대는 먼저 승리를 한 후에 전쟁을 한다. 패배하는 군대는 먼저 전쟁을 한 후에 승리를 찾는다. 용병을 잘하는 자는 도를 수양하고 법을 보호하므로 능히 승패의 정치가 가능하다.

是	故	勝	兵	先	勝	而	後	求	戰	敗	兵
이 **시**	연고 **고**	이길 **승**	병사 **병**	먼저 **선**	이길 **승**	말 이을 **이**	뒤 **후**	구할 **구**	싸움 **전**	패할 **패**	병사 **병**
先	戰	而	後	求	勝	善	用	兵	者	修	道
먼저 **선**	싸움 **전**	말 이을 **이**	뒤 **후**	구할 **구**	이길 **승**	착할 **선**	쓸 **용**	병사 **병**	놈 **자**	닦을 **수**	길 **도**
而	保	法	故	能	爲	勝	敗	之	政		
말 이을 **이**	지킬 **보**	법 **법**	연고 **고**	능할 **능**	할 **위**	이길 **승**	패할 **패**	갈 **지**	정사 **정**		

兵法 一曰度 二曰量 三曰數 四曰稱
병 법 일 왈 도 이 왈 량 삼 왈 수 사 왈 칭

五曰勝 地生度 度生量 量生數 數生
오 왈 승 지 생 도 도 생 량 양 생 수 수 생

稱 稱生勝
칭 칭 생 승

병법은 첫째 도(길이), 둘째 양, 셋째 수, 넷째 칭(저울질), 다섯째 승이다. 땅은 도를 낳고, 도는 양을 낳고, 양은 수를 낳고, 수는 칭을 낳고, 칭은 승리를 낳는다.

兵	法	一	曰	度	二	曰	量	三	曰	數	四
병사 **병**	법 **법**	한 **일**	가로 **왈**	법도 **도**	두 **이**	가로 **왈**	헤아릴 **량**	석 **삼**	가로 **왈**	셈할 **수**	넉 **사**
曰	稱	五	曰	勝	地	生	度	度	生	量	量
가로 **왈**	일컬을 **칭**	다섯 **오**	가로 **왈**	이길 **승**	땅 **지**	날 **생**	법도 **도**	법도 **도**	날 **생**	헤아릴 **량**	헤아릴 **양**
生	數	數	生	稱	稱	生	勝				
날 **생**	셈할 **수**	셈할 **수**	날 **생**	일컬을 **칭**	일컬을 **칭**	날 **생**	이길 **승**				

故勝兵若以鎰稱銖 敗兵若以銖稱鎰
고 승 병 약 이 일 칭 수 패 병 약 이 수 칭 일

勝者之戰民也 若決積水於千仞之溪
승 자 지 전 민 야 약 결 적 수 어 천 인 지 계

者 形也
자 형 야

그러므로 승리하는 군대는 마치 무거운 것으로 가벼운 것을 상대하는 것과 같고 패배하는 군대는 가벼운 것으로 무거운 것을 상대하는 것과 같다. 승자가 병사들을 싸우게 하는 방법은 마치 천길 높이의 계곡에 가두어 둔 물을 터놓는 것과 같으니 이것이 군형이다.

故	勝	兵	若	以	鎰	稱	銖	敗	兵	若	以
연고 **고**	이길 **승**	병사 **병**	같을 **약**	써 **이**	무게이름 **일**	일컬을 **칭**	저울눈 **수**	패할 **패**	병사 **병**	같을 **약**	써 **이**
銖	稱	鎰	勝	者	之	戰	民	也	若	決	積
저울눈 **수**	일컬을 **칭**	무게이름 **일**	이길 **승**	놈 **자**	갈 **지**	싸움 **전**	백성 **민**	어조사 **야**	같을 **약**	결단할 **결**	쌓을 **적**
水	於	千	仞	之	溪	者	形	也			
물 **수**	어조사 **어**	하늘 **천**	길 **인**	갈 **지**	시내 **계**	놈 **자**	모양 **형**	어조사 **야**			

孫子曰 兵者 國之大事 死生之地
存亡之道 不可不察也 故經之以五
校之以計 而索其情 一曰道 二曰天
三曰地 四曰將 五曰法

道者 令民與上同意也 故可與之死 可與之生
而民不畏危也

將者 智信仁勇嚴也 法者 曲制
官道 主用也 計利以聽 乃爲之勢
以佐其外 勢者 因利而制權也

孫子曰 凡用兵之法 全國爲上 破國次之
全軍爲上 破軍次之 是故百戰百勝
非善之善者也 不戰而屈人之兵 善之善者也

兵者 詭道也 故能而示之不能
用而示之不用 近而示之遠 遠而示之近
利而誘之 亂而取之 實而備之
强而避之 怒而撓之 卑而驕之

故上兵 伐謀 其次 伐交 其次
伐兵 其下攻城 故善用兵者
屈人之兵而非戰也 拔人之城而非攻也

國之貧於師者遠輸 遠輸則百姓貧
近於師者貴賣 貴賣則百姓財竭
財竭則急於丘役

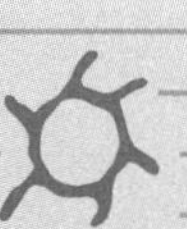

夫將者 國之輔也 輔周則國必强
輔隙則國必弱 上下同欲者勝 以虞待不虞者勝
將能而君不御者勝 此五者 知勝之道也

第五

兵勢篇

병세편

孫子曰 凡治衆如治寡 分數是也 鬪衆如鬪寡 形名是也
손자왈 범치중여치과 분수시야 투중여투과 형명시야

손자가 말하였다. 많은 수의 병력을 다스리는 것을 적은 수의 병력을 다스리는 것처럼 하는 것이 분수(편대 방법)이다. 많은 병력이 싸우는 것을 적은 병력이 싸우는 것처럼 하는 것이 형명(깃발과 호령)이다.

孫	子	曰	凡	治	衆	如	治	寡	分	數	是
손자 **손**	아들 **자**	가로 **왈**	무릇 **범**	다스릴 **치**	무리 **중**	같을 **여**	다스릴 **치**	적을 **과**	나눌 **분**	셈할 **수**	이 **시**
也	鬪	衆	如	鬪	寡	形	名	是	也		
어조사 **야**	싸울 **투**	무리 **중**	같을 **여**	싸울 **투**	적을 **과**	모양 **형**	이름 **명**	이 **시**	어조사 **야**		

凡戰者 以正合 以奇勝 故善出奇者
범 전 자 이 정 합 이 기 승 고 선 출 기 자

無窮如天地 不竭如江河
무 궁 여 천 지 불 갈 여 강 하

무릇 싸움은 정공법으로 맞서고 기습으로 이긴다. 그러므로 기습을 잘 쓰는 자는 천지와 같이 다함이 없고 강과 바다처럼 마르는 법이 없다.

凡	戰	者	以	正	合	以	奇	勝	故	善	出
무릇 범	싸움 전	놈 자	써 이	바를 정	합할 합	써 이	기특할 기	이길 승	연고 고	착할 선	날 출
奇	者	無	窮	如	天	地	不	竭	如	江	河
기특할 기	놈 자	없을 무	다할 궁	같을 여	하늘 천	땅 지	아닐 불	다할 갈	같을 여	강 강	물 하

激水之疾 至於漂石者 勢也 鷙鳥之
격 수 지 질 지 어 표 석 자 세 야 지 조 지

疾 至於毁折者 節也 是故 善戰者
질 지 어 훼 절 자 절 야 시 고 선 전 자

其勢險 其節短
기 세 험 기 절 단

거세게 흘러내리는 물이 암석을 떠내려가게 하는 것이 기세다. 빠른 매가 질풍처럼 덮쳐서 짐승을 채가는 것이 절(결정적인 시기)이다. 그러므로 전쟁을 잘하는 자는 기세가 험하고 절은 짧다.

激	水	之	疾	至	於	漂	石	者	勢	也	鷙
격할 격	물 수	갈 지	병 질	이를 지	어조사 어	떠다닐 표	돌 석	놈 자	형세 세	어조사 야	무거울 지
鳥	之	疾	至	於	毁	折	者	節	也	是	故
새 조	갈 지	병 질	이를 지	어조사 어	헐 훼	꺾을 절	놈 자	마디 절	어조사 야	이 시	연고 고
善	戰	者	其	勢	險	其	節	短			
착할 선	싸움 전	놈 자	그 기	형세 세	험할 험	그 기	마디 절	짧을 단			

亂生於治 怯生於勇 弱生於强 治亂
난생어치 겁생어용 약생어강 치란

數也 勇怯 勢也 强弱 形也
수야 용겁 세야 강약 형야

혼란은 다스림에서 나오는 것이고 두려움은 용기에서 나오는 것이고 약함은 강함에서 나오는 것이다. 다스림과 혼란은 수이고 용기와 두려움은 세이며 강함과 약함은 형이다.

亂	生	於	治	怯	生	於	勇	弱	生	於	强
어지러울 난	날 생	어조사 어	다스릴 치	겁낼 겁	날 생	어조사 어	날랠 용	약할 약	날 생	어조사 어	강할 강
治	亂	數	也	勇	怯	勢	也	强	弱	形	也
다스릴 치	어지러울 란	셈할 수	어조사 야	날랠 용	겁낼 겁	형세 세	어조사 야	강할 강	약할 약	모양 형	어조사 야

故善戰者 求之於勢 不責於人 故能擇人而任勢 任勢者 其戰人也 如轉木石
고선전자 구지어세 불책어인 고능택인이임세 임세자 기전인야 여전목석

그러므로 전쟁을 잘하는 자는 승리를 세에서 구하고 사람을 탓하지 않는다. 그러므로 능히 사람을 택하여 세에 맡긴다. 세에 맡긴다는 것은 사람을 싸우게 하되 나무와 돌을 굴리는 것처럼 하는 것이다.

故	善	戰	者	求	之	於	勢	不	責	於	人
연고 **고**	착할 **선**	싸움 **전**	놈 **자**	구할 **구**	갈 **지**	어조사 **어**	형세 **세**	아닐 **불**	꾸짖을 **책**	어조사 **어**	사람 **인**
故	能	擇	人	而	任	勢	任	勢	者	其	戰
연고 **고**	능할 **능**	가릴 **택**	사람 **인**	말 이을 **이**	맡길 **임**	형세 **세**	맡길 **임**	형세 **세**	놈 **자**	그 **기**	싸움 **전**
人	也	如	轉	木	石						
사람 **인**	어조사 **야**	같을 **여**	구를 **전**	나무 **목**	돌 **석**						

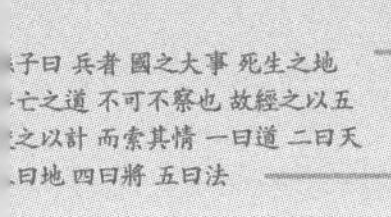

道者 令民與上同意也 故可與之死 可與之生
而民不畏危也

將者 智 信 仁 勇 嚴也 法者 曲制
官道 主用也 計利以聽 乃爲之勢
以佐其外 勢者 因利而制權也

孫子曰 凡用兵之法 全國爲上 破國次之
全軍爲上 破軍次之 是故百戰百勝
非善之善者也 不戰而屈人之兵 善之善者也

兵者 詭道也 故能而示之不能
用而示之不用 近而示之遠 遠而示之近
利而誘之 亂而取之 實而備之
强而避之 怒而撓之 卑而驕之

故上兵 伐謀 其次 伐交 其次
伐兵 其下攻城 故善用兵者
屈人之兵而非戰也 拔人之城而非攻也

國之貧於師者遠輸 遠輸則百姓貧
近於師者貴賣 貴賣則百姓財竭
財竭則急於丘役

夫將者 國之輔也 輔周則國必强
輔隙則國必弱 上下同欲者勝 以虞待不虞者勝
將能而君不御者勝 此五者 知勝之道也

第六

虛實篇

허실편

孫子曰 凡先處戰地而待敵者 佚 後
손 자 왈 범 선 처 전 지 이 대 적 자 일 후

處戰地而趨戰者 勞 故善戰者 致人
처 전 지 이 추 전 자 노 고 선 전 자 치 인

而不致於人
이 불 치 어 인

손자가 말하였다. 무릇 전쟁터의 좋은 거처를 선점하여 적군을 기다리는 군대는 편안하고 늦게 도착하여 전쟁을 급하게 하는 자는 수고롭다. 그러므로 전쟁을 잘하는 자는 적을 이끌되 이끌리지 않는다.

孫	子	曰	凡	先	處	戰	地	而	待	敵	者
손자 **손**	아들 **자**	가로 **왈**	무릇 **범**	먼저 **선**	곳 **처**	싸움 **전**	땅 **지**	말 이을 **이**	기다릴 **대**	대적할 **적**	놈 **자**
佚	後	處	戰	地	而	趨	戰	者	勞	故	善
편안할 **일**	뒤 **후**	곳 **처**	싸움 **전**	땅 **지**	말 이을 **이**	달아날 **추**	싸움 **전**	놈 **자**	일할 **노**	연고 **고**	착할 **선**
戰	者	致	人	而	不	致	於	人			
싸움 **전**	놈 **자**	이를 **치**	사람 **인**	말 이을 **이**	아닐 **불**	이를 **치**	어조사 **어**	사람 **인**			

能使敵人自至者 利之也 能使敵人不
능 사 적 인 자 지 자 이 지 야 능 사 적 인 부

得至者 害之也 故敵佚能勞之 飽能
득 지 자 해 지 야 고 적 일 능 노 지 포 능

飢之 安能動之
기 지 안 능 동 지

능히 적병으로 하여금 스스로 이르게 하는 것은 이로움을 보여주기 때문이다. 능히 적병으로 하여금 이르지 못하게 하는 것은 해를 보여주기 때문이다. 그러므로 적이 쉬려고 하면 수고롭게 하고 배부르면 주리게 한다. 적이 편안하면 움직이게 한다.

能	使	敵	人	自	至	者	利	之	也	能	使
능할 능	하여금 사	대적할 적	사람 인	스스로 자	이를 지	놈 자	이로울 이	갈 지	어조사 야	능할 능	하여금 사
敵	人	不	得	至	者	害	之	也	故	敵	佚
대적할 적	사람 인	아닐 부	얻을 득	이를 지	놈 자	해할 해	갈 지	어조사 야	연고 고	대적할 적	편안할 일
能	勞	之	飽	能	飢	之	安	能	動	之	
능할 능	일할 노	갈 지	배부를 포	능할 능	주릴 기	갈 지	편안 안	능할 능	움직일 동	갈 지	

攻而必取者 攻其所不守也 守而必固
공 이 필 취 자 공 기 소 불 수 야 수 이 필 고
者 守其所不攻也
자 수 기 소 불 공 야

공격하여 반드시 취하는 자는 지킬 수 없는 곳을 공격하고 지키어 견고하게 하는 자는 공격할 수 없는 곳을 지킨다.

攻	而	必	取	者	攻	其	所	不	守	也	守
칠 **공**	말 이을 **이**	반드시 **필**	가질 **취**	놈 **자**	칠 **공**	그 **기**	바 **소**	아닐 **불**	지킬 **수**	어조사 **야**	지킬 **수**
而	必	固	者	守	其	所	不	攻	也		
말 이을 **이**	반드시 **필**	굳을 **고**	놈 **자**	지킬 **수**	그 **기**	바 **소**	아닐 **불**	칠 **공**	어조사 **야**		

故善攻者 敵不知其所守 善守者 敵
고 선 공 자 적 부 지 기 소 수 선 수 자 적

不知其所攻
부 지 기 소 공

그러므로 공격을 잘하는 자는 적이 지켜야 할 곳을 알지 못하게 하고 잘 지키는 자는 적이 공격할 곳을 알지 못하게 한다.

故	善	攻	者	敵	不	知	其	所	守	善	守
연고 **고**	착할 **선**	칠 **공**	놈 **자**	대적할 **적**	아닐 **부**	알 **지**	그 **기**	바 **소**	지킬 **수**	착할 **선**	지킬 **수**
者	敵	不	知	其	所	攻					
놈 **자**	대적할 **적**	아닐 **부**	알 **지**	그 **기**	바 **소**	칠 **공**					

故形人而我無形 則我專而敵分 我專
고 형 인 이 아 무 형 즉 아 전 이 적 분 아 전

爲一 敵分爲十 是以十攻其一也
위 일 적 분 위 십 시 이 십 공 기 일 야

그러므로 적은 드러나게 하고 나는 보이지 않게 하니 나는 하나이고 적은 분산된다. 나는 집중하여 하나가 되고 적은 분산되어 열이 되니 이것은 열로 하나를 공격하는 것이다.

故	形	人	而	我	無	形	則	我	專	而	敵
연고 **고**	모양 **형**	사람 **인**	말 이을 **이**	나 **아**	없을 **무**	모양 **형**	곧 **즉**	나 **아**	오로지 **전**	말 이을 **이**	대적할 **적**
分	我	專	爲	一	敵	分	爲	十	是	以	十
나눌 **분**	나 **아**	오로지 **전**	할 **위**	한 **일**	대적할 **적**	나눌 **분**	할 **위**	열 **십**	이 **시**	써 **이**	열 **십**
攻	其	一	也								
칠 **공**	그 **기**	한 **일**	어조사 **야**								

夫兵形象水 水之形 避高而趨下 兵
부 병 형 상 수 수 지 형 피 고 이 추 하 병
之形 避實而擊虛 水因地而制流 兵
지 형 피 실 이 격 허 수 인 지 이 제 류 병
因敵而制勝
인 적 이 제 승

용병의 형세는 물의 형상이다. 물의 형세는 높은 곳을 피하여 아래로 흐른다. 용병의 형세는 실을 피하여 허를 공격한다. 물은 땅으로 인하여 흐름을 만들고 용병은 적으로 인하여 승리를 만든다.

夫	兵	形	象	水	水	之	形	避	高	而	趨
지아비 **부**	병사 **병**	모양 **형**	코끼리 **상**	물 **수**	물 **수**	갈 **지**	모양 **형**	피할 **피**	높을 **고**	말 이을 **이**	달아날 **추**
下	兵	之	形	避	實	而	擊	虛	水	因	地
아래 **하**	병사 **병**	갈 **지**	모양 **형**	피할 **피**	열매 **실**	말 이을 **이**	칠 **격**	빌 **허**	물 **수**	인할 **인**	땅 **지**
而	制	流	兵	因	敵	而	制	勝			
말 이을 **이**	절제할 **제**	흐를 **류**	병사 **병**	인할 **인**	대적할 **적**	말 이을 **이**	절제할 **제**	이길 **승**			

故兵無常勢 水無常形 能因敵變化而
고 병 무 상 세 수 무 상 형 능 인 적 변 화 이
取勝者 謂之神
취 승 자 위 지 신

그러므로 용병은 일정한 형세가 없고 물은 일정한 형상이 없다. 능히 적으로 인하여 변화하고 승리를 얻는 자를 신이라 한다.

故	兵	無	常	勢	水	無	常	形	能	因	敵
연고 **고**	병사 **병**	없을 **무**	항상 **상**	형세 **세**	물 **수**	없을 **무**	항상 **상**	모양 **형**	능할 **능**	인할 **인**	대적할 **적**
變	化	而	取	勝	者	謂	之	神			
변할 **변**	될 **화**	말 이을 **이**	가질 **취**	이길 **승**	놈 **자**	이를 **위**	갈 **지**	귀신 **신**			

孫子曰 兵者 國之大事 死生之地
存亡之道 不可不察也 故經之以五
校之以計 而索其情 一曰道 二曰天
三曰地 四曰將 五曰法

道者 令民與上同意也 故可與之死 可與之生
而民不畏危也

將者 智 信 仁 勇 嚴也 法者 曲制
官道 主用也 計利以聽 乃爲之勢
以佐其外 勢者 因利而制權也

孫子曰 凡用兵之法 全國爲上 破國次之
全軍爲上 破軍次之 是故百戰百勝
非善之善者也 不戰而屈人之兵 善之善者也

兵者 詭道也 故能而示之不能
用而示之不用 近而示之遠 遠而示之近
利而誘之 亂而取之 實而備之
强而避之 怒而撓之 卑而驕之

第七
軍爭篇
군쟁편

故上兵 伐謀 其次 伐交 其次
伐兵 其下攻城 故善用兵者
屈人之兵而非戰也 拔人之城而非攻也

國之貧於師者遠輸 遠輸則百姓貧
近於師者貴賣 貴賣則百姓財竭
財竭則急於丘役

夫將者 國之輔也 輔周則國必强
輔隙則國必弱 上下同欲者勝 以虞待不虞者勝
將能而君不御者勝 此五者 知勝之道也

軍爭之難者 以迂爲直 以患爲利 故
군 쟁 지 난 자 이 우 위 직 이 환 위 리 고

迂其途 而誘之以利 後人發 先人至
우 기 도 이 유 지 이 리 후 인 발 선 인 지

此知迂直之計者也
차 지 우 직 지 계 자 야

군쟁이 어려운 것은 우회하면서 직진하는 것처럼 하고, 어려움을 이로움으로 삼아야 하기 때문이다. 그러므로 그 길을 우회하여 이로움으로 유인하고 적보다 늦게 출발하여도 적보다 먼저 도달하는 것은 이 우직지계를 아는 것이다.

軍	爭	之	難	者	以	迂	爲	直	以	患	爲
군사 **군**	다툴 **쟁**	갈 **지**	어려울 **난**	놈 **자**	써 **이**	에돌 **우**	할 **위**	곧을 **직**	써 **이**	근심 **환**	할 **위**
利	故	迂	其	途	而	誘	之	以	利	後	人
이로울 **리**	연고 **고**	에돌 **우**	그 **기**	길 **도**	말 이을 **이**	꾈 **유**	갈 **지**	써 **이**	이로울 **리**	뒤 **후**	사람 **인**
發	先	人	至	此	知	迂	直	之	計	者	也
필 **발**	먼저 **선**	사람 **인**	이를 **지**	이 **차**	알 **지**	에돌 **우**	곧을 **직**	갈 **지**	셀 **계**	놈 **자**	어조사 **야**

故其疾如風 其徐如林 侵掠如火 不
고 기 질 여 풍 기 서 여 림 침 략 여 화 부

動如山 難知如陰 動如雷震
동 여 산 난 지 여 음 동 여 뇌 진

그러므로 빠르기는 바람과 같고 서서히 움직일 때는 숲과 같고 적을 약탈하는 것은 불과 같고 움직이지 않을 때는 산과 같고 알기 어려움은 어둠처럼 하고 움직임은 우레와 천둥 같다.

故	其	疾	如	風	其	徐	如	林	侵	掠	如
연고 고	그 기	병 질	같을 여	바람 풍	그 기	천천히 할 서	같을 여	수풀 림	침노할 침	노략질할 략	같을 여
火	不	動	如	山	難	知	如	陰	動	如	雷
불 화	아닐 부	움직일 동	같을 여	메 산	어려울 난	알 지	같을 여	그늘 음	움직일 동	같을 여	우레 뇌
震											
우레 진											

掠鄉分衆 廓地分利 懸權而動 先知
약 향 분 중 확 지 분 리 현 권 이 동 선 지

迂直之計者勝 此軍爭之法也
우 직 지 계 자 승 차 군 쟁 지 법 야

마을을 약탈하여 무리(주민)를 나누고 땅을 넓혀서 이익을 나누고 위세를 보이며 이동한다. 먼저 우직지계를 아는 사람이 승리한다. 이것이 군쟁법이다.

掠	鄉	分	衆	廓	地	分	利	懸	權	而	動
노략질할 약	시골 향	나눌 분	무리 중	클 확	땅 지	나눌 분	이로울 리	달 현	권세 권	말 이을 이	움직일 동
先	知	迂	直	之	計	者	勝	此	軍	爭	之
먼저 선	알 지	에돌 우	곧을 직	갈 지	셀 계	놈 자	이길 승	이 차	군사 군	다툴 쟁	갈 지
法	也										
법 법	어조사 야										

民既專一 則勇者不得獨進 怯者不得獨退 此用衆之法也
민기전일 즉용자부득독진 겁자부득독퇴 차용중지법야

사람들이 모여 처음부터 하나가 되면 용감한 자라도 독단으로 진격할 수 없고 겁쟁이라도 독단으로 퇴각할 수 없다. 이것이 무리를 운용하는 방법이다.

民	旣	專	一	則	勇	者	不	得	獨	進	怯
백성 민	이미 기	오로지 전	한 일	곧 즉	날랠 용	놈 자	아닐 부	얻을 득	홀로 독	나아갈 진	겁낼 겁
者	不	得	獨	退	此	用	衆	之	法	也	
놈 자	아닐 부	얻을 득	홀로 독	물러날 퇴	이 차	쓸 용	무리 중	갈 지	법 법	어조사 야	

故善用兵者 避其銳氣 擊其惰歸 此治氣者也 以治待亂 以靜待譁 此治心者也

고선용병자 피기예기 격기타귀 차치기자야 이치대란 이정대화 차치심자야

그러므로 용병을 잘하는 자는 예리한 기를 피하고 나태하고 게으른 기를 공격한다. 이것이 기를 다스리는 것이다. 다스림으로 혼란을 상대하고 고요함으로 소란함을 상대하니 이것이 마음을 다스리는 것이다.

故	善	用	兵	者	避	其	銳	氣	擊	其	惰
연고 고	착할 선	쓸 용	병사 병	놈 자	피할 피	그 기	날카로울 예	기운 기	칠 격	그 기	게으를 타
歸	此	治	氣	者	也	以	治	待	亂	以	靜
돌아갈 귀	이 차	다스릴 치	기운 기	놈 자	어조사 야	써 이	다스릴 치	기다릴 대	어지러울 란	써 이	고요할 정
待	譁	此	治	心	者	也					
기다릴 대	시끄러울 화	이 차	다스릴 치	마음 심	놈 자	어조사 야					

故用兵之法 高陵勿向 背丘勿逆 佯
고 용 병 지 법 고 릉 물 향 배 구 물 역 양

北勿從 銳卒勿攻
배 물 종 예 졸 물 공

그러므로 용병의 방법은 고지의 구릉에 있는 적을 공격하지 않고, 언덕을 등진 적을 공격하지 않고, 패배한 척 도망가는 적을 추격하지 않고, 사기가 높은 적을 공격하지 않는다.

故	用	兵	之	法	高	陵	勿	向	背	丘	勿
연고 고	쓸 용	병사 병	갈 지	법 법	높을 고	언덕 릉	말 물	향할 향	등 배	언덕 구	말 물
逆	佯	北	勿	從	銳	卒	勿	攻			
거스릴 역	거짓 양	달아날 배	말 물	좇을 종	날카로울 예	마칠 졸	말 물	칠 공			

餌兵勿食 歸師勿遏 圍師必闕 窮寇
이 병 물 식 귀 사 물 알 위 사 필 궐 궁 구

勿迫 此用兵之法也
물 박 차 용 병 지 법 야

이병(미끼로 던져진 부대)을 공격하지 않으며, 귀환하는 군사를 막지 않으며, 포위된 군사는 반드시 출구를 열어주고, 궁지에 몰린 적은 핍박하지 않는다. 이것이 용병의 방법이다.

餌	兵	勿	食	歸	師	勿	遏	圍	師	必	闕
미끼 **이**	병사 **병**	말 **물**	밥 **식**	돌아갈 **귀**	스승 **사**	말 **물**	막을 **알**	에워쌀 **위**	스승 **사**	반드시 **필**	대궐 **궐**
窮	寇	勿	迫	此	用	兵	之	法	也		
다할 **궁**	도적 **구**	말 **물**	핍박할 **박**	이 **차**	쓸 **용**	병사 **병**	갈 **지**	법 **법**	어조사 **야**		

孫子曰 兵者 國之大事 死生之地
存亡之道 不可不察也 故經之以五
校之以計 而索其情 一曰道 二曰天
三曰地 四曰將 五曰法

道者 令民與上同意也 故可與之死 可與之生
而民不畏危也

將者 智 信 仁 勇 嚴也 法者 曲制
官道 主用也 計利以聽 乃爲之勢
以佐其外 勢者 因利而制權也

孫子曰 凡用兵之法 全國爲上 破國次之
全軍爲上 破軍次之 是故百戰百勝
非善之善者也 不戰而屈人之兵 善之善者也

兵者 詭道也 故能而示之不能
用而示之不用 近而示之遠 遠而示之近
利而誘之 亂而取之 實而備之
強而避之 怒而撓之 卑而驕之

第八

九變篇
구변편

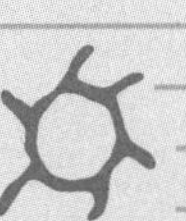

故上兵 伐謀 其次 伐交 其次
伐兵 其下攻城 故善用兵者
屈人之兵而非戰也 拔人之城而非攻也

國之貧於師者遠輸 遠輸則百姓貧
近於師者貴賣 貴賣則百姓財竭
財竭則急於丘役

夫將者 國之輔也 輔周則國必强
輔隙則國必弱 上下同欲者勝 以虞待不虞者勝
將能而君不御者勝 此五者 知勝之道也

塗有所不由 軍有所不擊 城有所不攻
도 유 소 불 유 군 유 소 불 격 성 유 소 불 공

地有所不爭 君命有所不受
지 유 소 부 쟁 군 명 유 소 불 수

길에는 가지 말아야 할 곳이 있고 군대는 공격해서는 안 되는 곳이 있고 성에는 공격해서는 안 되는 곳이 있고 땅에는 다투지 말아야 할 곳이 있고 군주의 명에는 받지 말아야 할 것이 있다.

塗	有	所	不	由	軍	有	所	不	擊	城	有
길 도	있을 유	바 소	아닐 불	말미암을 유	군사 군	있을 유	바 소	아닐 불	칠 격	성 성	있을 유
所	不	攻	地	有	所	不	爭	君	命	有	所
바 소	아닐 불	칠 공	땅 지	있을 유	바 소	아닐 부	다툴 쟁	임금 군	목숨 명	있을 유	바 소
不	受										
아닐 불	받을 수										

故將通於九變之利者 知用兵矣 將不通於九
고 장 통 어 구 변 지 리 자 지 용 병 의 장 불 통 어 구
變之利者 雖知地形 不能得地之利矣 治兵不
변 지 리 자 수 지 지 형 불 능 득 지 지 리 의 치 병 부
知九變之術 雖知五利 不能得人之用矣
지 구 변 지 술 수 지 오 리 불 능 득 인 지 용 의

그러므로 장군이 구변의 이로움에 통하면 용병을 안다. 장군이 구변의 이로움에 통하지 않으면 비록 지형을 알아도 지형의 이로움을 능히 얻을 수 없다. 병사를 다스리는 데 구변의 방법을 모르면 비록 다섯 가지 이로움을 알아도 사람을 쓰는 법을 알 수 없다.

故	將	通	於	九	變	之	利	者	知	用	兵	矣
연고 고	장수 장	통할 통	어조사 어	아홉 구	변할 변	갈 지	이로울 리	놈 자	알 지	쓸 용	병사 병	어조사 의
將	不	通	於	九	變	之	利	者	雖	知	地	形
장수 장	아닐 불	통할 통	어조사 어	아홉 구	변할 변	갈 지	이로울 리	놈 자	비록 수	알 지	땅 지	모양 형
不	能	得	地	之	利	矣	治	兵	不	知	九	變
아닐 불	능할 능	얻을 득	땅 지	갈 지	이로울 리	어조사 의	다스릴 치	병사 병	아닐 부	알 지	아홉 구	변할 변
之	術	雖	知	五	利	不	能	得	人	之	用	矣
갈 지	재주 술	비록 수	알 지	다섯 오	이로울 리	아닐 불	능할 능	얻을 득	사람 인	갈 지	쓸 용	어조사 의

是故智者之慮 必雜於利害 雜於利
시 고 지 자 지 려 필 잡 어 리 해 잡 어 리

而務可信也 雜於害 而患可解也
이 무 가 신 야 잡 어 해 이 환 가 해 야

그러므로 지혜로운 자의 생각은 반드시 이로움과 해로움을 함께 고려한다. 이로움을 고려하면 일이 믿을 만한 것이 되고 해로움을 고려하면 어려움을 해결할 수 있다.

是	故	智	者	之	慮	必	雜	於	利	害	雜
이 **시**	연고 **고**	지혜 **지**	놈 **자**	갈 **지**	생각할 **려**	반드시 **필**	섞일 **잡**	어조사 **어**	이로울 **리**	해할 **해**	섞일 **잡**
於	利	而	務	可	信	也	雜	於	害	而	患
어조사 **어**	이로울 **리**	말 이을 **이**	힘쓸 **무**	옳을 **가**	믿을 **신**	어조사 **야**	섞일 **잡**	어조사 **어**	해할 **해**	말 이을 **이**	근심 **환**
可	解	也									
옳을 **가**	풀 **해**	어조사 **야**									

故用兵之法 無恃其不來 恃吾有以待
고 용 병 지 법 무 시 기 불 래 시 오 유 이 대

也 無恃其不攻 恃吾有所不可攻也
야 무 시 기 불 공 시 오 유 소 불 가 공 야

그러므로 용병의 법은 적이 오지 않을 것을 믿지 않고 내가 상대할 수 있음을 믿는 것이다. 적이 공격하지 않음을 믿지 않고 내게 공격하지 못하는 점이 있음을 믿는 것이다.

故	用	兵	之	法	無	恃	其	不	來	恃	吾
연고 고	쓸 용	병사 병	갈 지	법 법	없을 무	믿을 시	그 기	아닐 불	올 래	믿을 시	나 오
有	以	待	也	無	恃	其	不	攻	恃	吾	有
있을 유	써 이	기다릴 대	어조사 야	없을 무	믿을 시	그 기	아닐 불	칠 공	믿을 시	나 오	있을 유
所	不	可	攻	也							
바 소	아닐 불	옳을 가	칠 공	어조사 야							

故將有五危 必死可殺也 必生可虜也
고 장 유 오 위 필 사 가 살 야 필 생 가 로 야

忿速可侮也 廉潔可辱也 愛民可煩也
분 속 가 모 야 염 결 가 욕 야 애 민 가 번 야

장군에게는 다섯 가지 위태로움이 있다. 반드시 죽고자 하면 죽음을 당하고 반드시 살고자 하면 사로잡히고 급하게 화를 내면 수모를 당하고 청렴하고 결백하면 치욕을 당하고 백성을 사랑하면 번거로워진다.

故	將	有	五	危	必	死	可	殺	也	必	生
연고 **고**	장수 **장**	있을 **유**	다섯 **오**	위태할 **위**	반드시 **필**	죽을 **사**	옳을 **가**	죽일 **살**	어조사 **야**	반드시 **필**	날 **생**
可	虜	也	忿	速	可	侮	也	廉	潔	可	辱
옳을 **가**	사로잡을 **로**	어조사 **야**	성낼 **분**	빠를 **속**	옳을 **가**	업신여길 **모**	어조사 **야**	청렴할 **염**	깨끗할 **결**	옳을 **가**	욕될 **욕**
也	愛	民	可	煩	也						
어조사 **야**	사랑 **애**	백성 **민**	옳을 **가**	번거로울 **번**	어조사 **야**						

孫子曰 兵者 國之大事 死生之地
存亡之道 不可不察也 故經之以五
校之以計 而索其情 一曰道 二曰天
三曰地 四曰將 五曰法

道者 令民與上同意也 故可與之死 可與之生
而民不畏危也

將者 智 信 仁 勇 嚴也 法者 曲制
官道 主用也 計利以聽 乃爲之勢
以佐其外 勢者 因利而制權也

孫子曰 凡用兵之法 全國爲上 破國次之
全軍爲上 破軍次之 是故百戰百勝
非善之善者也 不戰而屈人之兵 善之善者也

兵者 詭道也 故能而示之不能
用而示之不用 近而示之遠 遠而示之近
利而誘之 亂而取之 實而備之
强而避之 怒而撓之 卑而驕之

國之貧於師者遠輸 遠輸則百姓貧
近於師者貴賣 貴賣則百姓財竭
財竭則急於丘役

故上兵 伐謀 其次 伐交 其次
伐兵 其下攻城 故善用兵者
屈人之兵而非戰也 拔人之城而非攻也

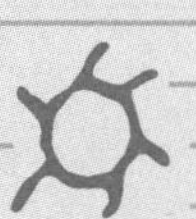

夫將者 國之輔也 輔周則國必强
輔隙則國必弱 上下同欲者勝 以虞待不虞者勝
將能而君不御者勝 此五者 知勝之道也

第九
行軍篇
행군편

絶水必遠水 客絶水而來 勿迎之於水內
절수필원수 객절수이래 물영지어수내
令半濟而擊之 利 欲戰者 無附於水而迎
영반제이격지 리 욕전자 무부어수이영
客 視生處高 無迎水流 此處水上之軍也
객 시생처고 무영수류 차처수상지군야.

강을 건너면 반드시 물에서 멀어져야 한다. 적이 물을 건너올 때 물 속에서 맞이하지 말고 반쯤 건넜을 때 공격하면 유리하다. 적을 맞아 싸울 때는 물가에서 맞이하지 말고 살기 위해 높은 곳으로 가고 물을 거슬러 가며 맞이하지 말라. 이것이 물가에서의 행군이다.

絶	水	必	遠	水	客	絶	水	而	來	勿	迎	之
끊을 절	물 수	반드시 필	멀 원	물 수	손 객	끊을 절	물 수	말 이을 이	올 래	말 물	맞을 영	갈 지
於	水	內	令	半	濟	而	擊	之	利	欲	戰	者
어조사 어	물 수	안 내	하여금 영	반 반	건널 제	말 이을 이	칠 격	갈 지	이로울 리	하고자할 욕	싸움 전	놈 자
無	附	於	水	而	迎	客	視	生	處	高	無	迎
없을 무	붙을 부	어조사 어	물 수	말 이을 이	맞을 영	손 객	볼 시	날 생	곳 처	높을 고	없을 무	맞을 영
水	流	此	處	水	上	之	軍	也				
물 수	흐를 류	이 차	곳 처	물 수	윗 상	갈 지	군사 군	어조사 야				

凡軍好高而惡下 貴陽而賤陰 養生而
범 군 호 고 이 오 하 귀 양 이 천 음 양 생 이

處實 軍無百疾 是謂必勝
처 실 군 무 백 질 시 위 필 승

무릇 군대는 높은 곳을 좋아하고 낮은 곳은 싫어하며 양지를 귀하게 여기고 음지를 천하게 생각하라. 삶을 기르고 견실한 곳에 거처하게 하면 군대는 백 가지 질병이 없게 되는데 이것을 필승이라 한다.

凡	軍	好	高	而	惡	下	貴	陽	而	賤	陰
무릇 범	군사 군	좋을 호	높을 고	말 이을 이	미워할 오	아래 하	귀할 귀	볕 양	말 이을 이	천할 천	그늘 음
養	生	而	處	實	軍	無	百	疾	是	謂	必
기를 양	날 생	말 이을 이	곳 처	열매 실	군사 군	없을 무	일백 백	병 질	이 시	이를 위	반드시 필
勝											
이길 승											

軍旁有 險阻 潢井 葭葦 林木 翳薈者
군 방 유 험 조 황 정 가 위 임 목 예 회 자

必謹覆索之 此伏姦之所處也
필 근 복 색 지 차 복 간 지 소 처 야

군대 주변에 험하고 막힌 곳이나 웅덩이와 우물, 갈대숲, 산림, 풀이 무성한 곳이 있으면 반드시 조심하여 반복해서 수색해야 한다. 여기는 복병이나 첩자가 있는 곳이다.

軍	旁	有	險	阻	潢	井	葭	葦	林	木	翳
군사 **군**	곁 **방**	있을 **유**	험할 **험**	막힐 **조**	웅덩이 **황**	우물 **정**	갈대 **가**	갈대 **위**	수풀 **임**	나무 **목**	무성한 모양 **예**
薈	者	必	謹	覆	索	之	此	伏	姦	之	所
무성할 **회**	놈 **자**	반드시 **필**	삼갈 **근**	다시 **복**	찾을 **색**	갈 **지**	이 **차**	엎드릴 **복**	간음할 **간**	갈 **지**	바 **소**
處	也										
곳 **처**	어조사 **야**										

衆樹動者 來也 衆草多障者 疑也 鳥
중 수 동 자 내 야 중 초 다 장 자 의 야 조

起者 伏也 獸駭者 覆也
기 자 복 야 수 해 자 복 야

많은 나무들이 움직이는 것은 적이 오고 있다는 것이고 많은 풀들로 장애물을 만들어 놓은 것은 의심을 불러일으키려는 것이고 새가 날아오르는 것은 적이 매복해 있는 것이고 짐승이 놀라 움직이면 적이 수색하고 있는 것이다.

衆	樹	動	者	來	也	衆	草	多	障	者	疑
무리 **중**	나무 **수**	움직일 **동**	놈 **자**	올 **내**	어조사 **야**	무리 **중**	풀 **초**	많을 **다**	막을 **장**	놈 **자**	의심할 **의**
也	鳥	起	者	伏	也	獸	駭	者	覆	也	
어조사 **야**	새 **조**	일어날 **기**	놈 **자**	엎드릴 **복**	어조사 **야**	짐승 **수**	놀랄 **해**	놈 **자**	다시 **복**	어조사 **야**	

軍擾者 將不重也 旌旗動者 亂也 吏
군요자 장부중야 정기동자 난야 이
怒者 倦也 粟殺馬肉食 軍無糧也
노자 권야 속살마육식 군무양야

군이 시끄러운 것은 장군이 무겁지 않다는 것이고 정기가 움직이는 것은 혼란스럽다는 것이다. 장교들이 분노하는 것은 고달프기 때문이고 말을 죽여 고기를 먹는 것은 양식이 없기 때문이다.

軍	擾	者	將	不	重	也	旌	旗	動	者	亂
군사 **군**	시끄러울 **요**	놈 **자**	장수 **장**	아닐 **부**	무거울 **중**	어조사 **야**	기 **정**	기 **기**	움직일 **동**	놈 **자**	어지러울 **난**
也	吏	怒	者	倦	也	粟	殺	馬	肉	食	軍
어조사 **야**	벼슬아치 **이**	성낼 **노**	놈 **자**	게으를 **권**	어조사 **야**	조 **속**	죽일 **살**	말 **마**	고기 **육**	밥 **식**	군사 **군**
無	糧	也									
없을 **무**	양식 **양**	어조사 **야**									

數賞者 窘也 數罰者 困也 先暴而後
삭 상 자 군 야 삭 벌 자 곤 야 선 포 이 후

畏其衆者 不精之至也 來委謝者 欲
외 기 중 자 부 정 지 지 야 내 위 사 자 욕

休息也
휴 식 야

자주 상을 주면 군색하고 자주 벌을 주면 괴롭다. 먼저 사납게 하고 이후에 병사들을 두려워하는 것은 자질이 부족한 것이다. 사자를 보내 인사하는 것은 휴식을 얻고자 함이다.

數	賞	者	窘	也	數	罰	者	困	也	先	暴
자주 **삭**	상줄 **상**	놈 **자**	군색할 **군**	어조사 **야**	자주 **삭**	벌할 **벌**	놈 **자**	곤할 **곤**	어조사 **야**	먼저 **선**	사나울 **포**
而	後	畏	其	衆	者	不	精	之	至	也	來
말 이을 **이**	뒤 **후**	두려워할 **외**	그 **기**	무리 **중**	놈 **자**	아닐 **부**	정할 **정**	갈 **지**	이를 **지**	어조사 **야**	올 **내**
委	謝	者	欲	休	息	也					
맡길 **위**	사례할 **사**	놈 **자**	하고자할 **욕**	쉴 **휴**	쉴 **식**	어조사 **야**					

兵非益多也 惟無武進 足以併力料
병 비 익 다 야 유 무 무 진 족 이 병 력 료

敵 取人而已 夫惟無慮而易敵者 必
적 취 인 이 이 부 유 무 려 이 이 적 자 필

擒於人
금 어 인

병력이 많다고 유리한 것은 아니다. 무력만 믿고 진격하지 않고 힘을 아우르고 적을 헤아려서 적을 취하면 충분할 따름이다. 아무런 생각 없이 적을 쉽게 여기는 자는 반드시 사로잡히게 된다.

兵	非	益	多	也	惟	無	武	進	足	以	併
병사 **병**	아닐 **비**	더할 **익**	많을 **다**	어조사 **야**	생각할 **유**	없을 **무**	호반 **무**	나아갈 **진**	발 **족**	써 **이**	아우를 **병**
力	料	敵	取	人	而	已	夫	惟	無	慮	而
힘 **력**	헤아릴 **료**	대적할 **적**	가질 **취**	사람 **인**	말 이을 **이**	이미 **이**	지아비 **부**	생각할 **유**	없을 **무**	생각할 **려**	말 이을 **이**
易	敵	者	必	擒	於	人					
쉬울 **이**	대적할 **적**	놈 **자**	반드시 **필**	사로잡을 **금**	어조사 **어**	사람 **인**					

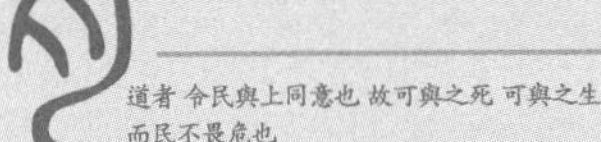

孫子曰 兵者 國之大事 死生之地
存亡之道 不可不察也 故經之以五
校之以計 而索其情 一曰道 二曰天
三曰地 四曰將 五曰法

道者 令民與上同意也 故可與之死 可與之生
而民不畏危也

將者 智信仁勇嚴也 法者 曲制
官道 主用也 計利以聽 乃爲之勢
以佐其外 勢者 因利而制權也

孫子曰 凡用兵之法 全國爲上 破國次之
全軍爲上 破軍次之 是故百戰百勝
非善之善者也 不戰而屈人之兵 善之善者也

兵者 詭道也 故能而示之不能
用而示之不用 近而示之遠 遠而示之近
利而誘之 亂而取之 實而備之
强而避之 怒而撓之 卑而驕之

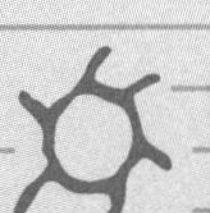

故上兵 伐謀 其次 伐交 其次
伐兵 其下攻城 故善用兵者
屈人之兵而非戰也 拔人之城而非攻也

國之貧於師者遠輸 遠輸則百姓貧
近於師者貴賣 貴賣則百姓財竭
財竭則急於丘役

夫將者 國之輔也 輔周則國必强
輔隙則國必弱 上下同欲者勝 以虞待不虞者勝
將能而君不御者勝 此五者 知勝之道也

第十

地形篇

지형편

故兵有走者 有弛者 有陷者 有崩者
고 병 유 주 자 유 이 자 유 함 자 유 붕 자

有亂者 有北者 凡此六者 非天之災
유 란 자 유 배 자 범 차 륙 자 비 천 지 재

將之過也
장 지 과 야

그러므로 군대에는 도주하는 자가 있고 해이한 자가 있으며 빠지는 자가 있고 무너지는 자가 있으며 어지러운 자가 있고 패하는 자가 있다. 이러한 여섯 가지는 천지의 재앙이 아니라 장군의 과실이다.

故	兵	有	走	者	有	弛	者	有	陷	者	有
연고 고	병사 병	있을 유	달아날 주	놈 자	있을 유	늦출 이	놈 자	있을 유	빠질 함	놈 자	있을 유
崩	者	有	亂	者	有	北	者	凡	此	六	者
무너질 붕	놈 자	있을 유	어지러울 란	놈 자	있을 유	달아날 배	놈 자	무릇 범	이 차	여섯 륙	놈 자
非	天	之	災	將	之	過	也				
아닐 비	하늘 천	땅 지	재앙 재	장수 장	갈 지	지날 과	어조사 야				

夫地形者 兵之助也 料敵制勝 計險
부 지 형 자 병 지 조 야 요 적 제 승 계 험

厄遠近 上將之道也 知此而用戰者必
액 원 근 상 장 지 도 야 지 차 이 용 전 자 필

勝 不知此而用戰者必敗
승 부 지 차 이 용 전 자 필 패.

지형은 용병을 도우는 것이다. 적을 헤아려 승리를 얻고 지형의 험난함과 위험, 멀고 가까움을 계산하는 것이 상장군이 해야 할 일이다. 이를 알고 전쟁을 하는 자는 반드시 승리하고 이를 모르고 전쟁을 하는 자는 반드시 패배한다.

夫	地	形	者	兵	之	助	也	料	敵	制	勝
지아비 **부**	땅 **지**	모양 **형**	놈 **자**	병사 **병**	갈 **지**	도울 **조**	어조사 **야**	헤아릴 **요**	대적할 **적**	절제할 **제**	이길 **승**
計	險	厄	遠	近	上	將	之	道	也	知	此
셀 **계**	험할 **험**	액 **액**	멀 **원**	가까울 **근**	윗 **상**	장수 **장**	갈 **지**	길 **도**	어조사 **야**	알 **지**	이 **차**
而	用	戰	者	必	勝	不	知	此	而	用	戰
말 이을 **이**	쓸 **용**	싸움 **전**	놈 **자**	반드시 **필**	이길 **승**	아닐 **부**	알 **지**	이 **차**	말 이을 **이**	쓸 **용**	싸움 **전**
者	必	敗									
놈 **자**	반드시 **필**	패할 **패**									

故戰道必勝 主曰無戰 必戰可也 戰
고 전 도 필 승 주 왈 무 전 필 전 가 야 전

道不勝 主曰必戰 無戰可也
도 불 승 주 왈 필 전 무 전 가 야

그러므로 전쟁에서 승리가 확실하다면 군주가 전쟁을 하지 말라고 명령해도 전쟁을 할 수 있고 전쟁에서 승리가 불확실하면 군주가 전쟁을 하라고 명령해도 전쟁을 하지 않을 수 있다.

故	戰	道	必	勝	主	曰	無	戰	必	戰	可
연고 고	싸움 전	길 도	반드시 필	이길 승	임금 주	가로 왈	없을 무	싸움 전	반드시 필	싸움 전	옳을 가
也	戰	道	不	勝	主	曰	必	戰	無	戰	可
어조사 야	싸움 전	길 도	아닐 불	이길 승	임금 주	가로 왈	반드시 필	싸움 전	없을 무	싸움 전	옳을 가
也											
어조사 야											

故進不求名 退不避罪 唯民是保 而
고 진 불 구 명 퇴 불 피 죄 유 민 시 보 이

利合於主 國之寶也
리 합 어 주 국 지 보 야

그러므로 나아가서는 명예를 구하지 않고 물러서서는 죄를 피하지 않으며 오직 백성을 보호하고 군주를 이롭게 하니 국가의 보배이다.

故	進	不	求	名	退	不	避	罪	唯	民	是
연고 **고**	나아갈 **진**	아닐 **불**	구할 **구**	이름 **명**	물러날 **퇴**	아닐 **불**	피할 **피**	허물 **죄**	오직 **유**	백성 **민**	이 **시**
保	而	利	合	於	主	國	之	寶	也		
지킬 **보**	말 이을 **이**	이로울 **리**	합할 **합**	어조사 **어**	임금 **주**	나라 **국**	갈 **지**	보배 **보**	어조사 **야**		

視卒如嬰兒 故可與之赴深溪 視卒如
시 졸 여 영 아 고 가 여 지 부 심 계 시 졸 여

愛子 故可與之俱死
애 자 고 가 여 지 구 사

병사를 어린아이처럼 대하면 함께 깊은 골짜기에 갈 수 있고 병사를 사랑하는 자식처럼 대하면 함께 죽을 수 있다.

視	卒	如	嬰	兒	故	可	與	之	赴	深	溪
볼 **시**	마칠 **졸**	같을 **여**	어린아이 **영**	아이 **아**	연고 **고**	옳을 **가**	더불 **여**	갈 **지**	다다를 **부**	깊을 **심**	시내 **계**
視	卒	如	愛	子	故	可	與	之	俱	死	
볼 **시**	마칠 **졸**	같을 **여**	사랑 **애**	아들 **자**	연고 **고**	옳을 **가**	더불 **여**	갈 **지**	함께 **구**	죽을 **사**	

厚而不能使 愛而不能令 亂而不能治
후 이 불 능 사 애 이 불 능 령 난 이 불 능 치

譬如驕子 不可用也
비 여 교 자 불 가 용 야

후덕하면 부릴 수 없고 사랑하면 명령을 내릴 수 없으며 어지러우면 다스릴 수 없으니 교만한 자식처럼 쓸모가 없다.

厚	而	不	能	使	愛	而	不	能	令	亂	而
두터울 **후**	말 이을 **이**	아닐 **불**	능할 **능**	하여금 **사**	사랑 **애**	말 이을 **이**	아닐 **불**	능할 **능**	하여금 **령**	어지러울 **난**	말 이을 **이**
不	能	治	譬	如	驕	子	不	可	用	也	
아닐 **불**	능할 **능**	다스릴 **치**	비유할 **비**	같을 **여**	교만할 **교**	아들 **자**	아닐 **불**	옳을 **가**	쓸 **용**	어조사 **야**	

故知兵者 動而不迷 擧而不窮 故曰
고 지 병 자 동 이 불 미 거 이 불 궁 고 왈

知彼知己 勝乃不殆 知地知天 勝乃
지 피 지 기 승 내 불 태 지 지 지 천 승 내

可全
가 전

그러므로 군사를 아는 자는 움직일 때는 헷갈리지 않고 일어날 때는 막히지 않는다. 그러므로 적을 알고 나를 알면 승리하고 위태롭지 않으며 땅을 알고 하늘을 알면 승리하고 온전할 것이다.

故	知	兵	者	動	而	不	迷	擧	而	不	窮
연고 **고**	알 **지**	병사 **병**	놈 **자**	움직일 **동**	말 이을 **이**	아닐 **불**	미혹할 **미**	들 **거**	말 이을 **이**	아닐 **불**	다할 **궁**
故	曰	知	彼	知	己	勝	乃	不	殆	知	地
연고 **고**	가로 **왈**	알 **지**	저 **피**	알 **지**	몸 **기**	이길 **승**	이에 **내**	아닐 **불**	위태할 **태**	알 **지**	땅 **지**
知	天	勝	乃	可	全						
알 **지**	하늘 **천**	이길 **승**	이에 **내**	옳을 **가**	온전할 **전**						

孫子曰 兵者 國之大事 死生之地
存亡之道 不可不察也 故經之以五
校之以計 而索其情 一曰道 二曰天
三曰地 四曰將 五曰法

道者 令民與上同意也 故可與之死 可與之生
而民不畏危也

將者 智信仁勇嚴也 法者 曲制
官道 主用也 計利以聽 乃爲之勢
以佐其外 勢者 因利而制權也

孫子曰 凡用兵之法 全國爲上 破國次之
全軍爲上 破軍次之 是故百戰百勝
非善之善者也 不戰而屈人之兵 善之善者也

兵者 詭道也 故能而示之不能
用而示之不用 近而示之遠 遠而示之近
利而誘之 亂而取之 實而備之
强而避之 怒而撓之 卑而驕之

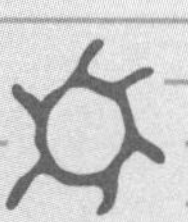

故上兵 伐謀 其次 伐交 其次
伐兵 其下攻城 故善用兵者
屈人之兵而非戰也 拔人之城而非攻也

國之貧於師者遠輸 遠輸則百姓貧
近於師者貴賣 貴賣則百姓財竭
財竭則急於丘役

第十一
九地篇
구지편

夫將者 國之輔也 輔周則國必强
輔隙則國必弱 上下同欲者勝 以虞待不虞者勝
將能而君不御者勝 此五者 知勝之道也

謹養而勿勞 倂氣積力 運兵計謀 爲
근 양 이 물 노 병 기 적 력 운 병 계 모 위

不可測 投之無所往 死且不北
부 가 측 투 지 무 소 왕 사 차 불 배

삼가 길러서 피로하지 않게 하며 기운을 아울러 힘을 축적하고 군사를 운용하는 계략을 써서 추측하지 못하게 하고 갈 곳이 없는 곳으로 던지면 죽을지라도 달아나지 않는다.

謹	養	而	勿	勞	倂	氣	積	力	運	兵	計
삼갈 **근**	기를 **양**	말 이을 **이**	말 **물**	일할 **노**	아우를 **병**	기운 **기**	쌓을 **적**	힘 **력**	옮길 **운**	병사 **병**	셀 **계**
謀	爲	不	可	測	投	之	無	所	往	死	且
꾀 **모**	할 **위**	아닐 **부**	옳을 **가**	헤아릴 **측**	던질 **투**	갈 **지**	없을 **무**	바 **소**	갈 **왕**	죽을 **사**	또 **차**
不	北										
아닐 **불**	달아날 **배**										

故善用兵者 譬如率然 率然者 常山
고 선 용 병 자 비 여 솔 연 솔 연 자 상 산

之蛇也 擊其首則尾至 擊其尾則首至
지 사 야 격 기 수 즉 미 지 격 기 미 즉 수 지

擊其中則首尾俱至
격 기 중 즉 수 미 구 지

그러므로 용병을 잘하는 자는 솔연에 비유할 수 있다. 솔연은 상산에 사는 뱀으로 머리를 공격하면 즉시 꼬리로 덤비고 꼬리를 공격하면 즉시 머리가 덤벼든다. 중간을 공격하면 즉시 머리와 꼬리로 덤벼든다.

故	善	用	兵	者	譬	如	率	然	率	然	者
연고 고	착할 선	쓸 용	병사 병	놈 자	비유할 비	같을 여	솔연 솔	그럴 연	솔연 솔	그럴 연	놈 자
常	山	之	蛇	也	擊	其	首	則	尾	至	擊
떳떳할 상	메 산	갈 지	긴뱀 사	어조사 야	칠 격	그 기	머리 수	곧 즉	꼬리 미	이를 지	칠 격
其	尾	則	首	至	擊	其	中	則	首	尾	俱
그 기	꼬리 미	곧 즉	머리 수	이를 지	칠 격	그 기	가운데 중	곧 즉	머리 수	꼬리 미	함께 구
至											
이를 지											

將軍之事 靜以幽 正以治 能愚士卒
장 군 지 사 정 이 유 정 이 치 능 우 사 졸
之耳目 使之無知 易其事 革其謀 使
지 이 목 사 지 무 지 역 기 사 혁 기 모 사
人無識
인 무 식

장군이 하는 일은 고요하고 그윽하여 바름으로 다스린다. 능히 병사들의 눈과 귀를 어리석게 하여 알지 못하도록 하며, 그 일을 바꾸고 그 계략을 변경하는 것을 사람이 알지 못하도록 한다.

將	軍	之	事	靜	以	幽	正	以	治	能	愚
장수 **장**	군사 **군**	갈 **지**	일 **사**	고요할 **정**	써 **이**	그윽할 **유**	바를 **정**	써 **이**	다스릴 **치**	능할 **능**	어리석을 **우**
士	卒	之	耳	目	使	之	無	知	易	其	事
선비 **사**	마칠 **졸**	갈 **지**	귀 **이**	눈 **목**	하여금 **사**	갈 **지**	없을 **무**	알 **지**	바꿀 **역**	그 **기**	일 **사**
革	其	謀	使	人	無	識					
가죽 **혁**	그 **기**	꾀 **모**	하여금 **사**	사람 **인**	없을 **무**	알 **식**					

是故 不知諸侯之謀者 不能預交 不知山林 險阻 沮澤之形者 不能行軍 不用鄕導者 不能得地利
시고 부지제후지모자 불능예교 부지산림 험조 저택지형자 불능행군 불용향도자 불능득지리

그러므로 제후의 계략을 알지 못하는 자는 미리 사귈 수가 없고, 산림, 험조, 저택의 지형을 알지 못하는 자는 군대를 진격시킬 수 없고, 향도를 사용하지 않는 자는 지형의 이로움을 얻을 수 없다.

是	故	不	知	諸	侯	之	謀	者	不	能	預
이 **시**	연고 **고**	아닐 **부**	알 **지**	모두 **제**	제후 **후**	갈 **지**	꾀 **모**	놈 **자**	아닐 **불**	능할 **능**	맡길 **예**
交	不	知	山	林	險	阻	沮	澤	之	形	者
사귈 **교**	아닐 **부**	알 **지**	메 **산**	수풀 **림**	험할 **험**	막힐 **조**	막을 **저**	못 **택**	갈 **지**	모양 **형**	놈 **자**
不	能	行	軍	不	用	鄕	導	者	不	能	得
아닐 **불**	능할 **능**	다닐 **행**	군사 **군**	아닐 **불**	쓸 **용**	시골 **향**	인도할 **도**	놈 **자**	아닐 **불**	능할 **능**	얻을 **득**
地	利										
땅 **지**	이로울 **리**										

犯之以事 勿告以言 犯之以利 勿告以害
범지이사 물고이언 범지이리 물고이해

일로써 움직이고 말로 고하지 않으며 이로움으로써 움직이고 해로움으로 고하지 않는다.

犯	之	以	事	勿	告	以	言	犯	之	以	利
범할 **범**	갈 **지**	써 **이**	일 **사**	말 **물**	고할 **고**	써 **이**	말씀 **언**	범할 **범**	갈 **지**	써 **이**	이로울 **리**
勿	告	以	害								
말 **물**	고할 **고**	써 **이**	해할 **해**								

投之亡地 然後存 陷之死地 然後生
투 지 망 지 연 후 존 함 지 사 지 연 후 생

夫衆陷於害 然後能爲勝敗
부 중 함 어 해 연 후 능 위 승 패

멸망의 땅에 던져진 후에야 존재할 수 있고, 죽음의 땅에 빠진 후에야 살아날 수 있게 된다. 무릇 무리는 해로운 상황에 빠져 본 후라야 능히 승패를 이룬다.

投	之	亡	地	然	後	存	陷	之	死	地	然
던질 투	갈 지	망할 망	땅 지	그럴 연	뒤 후	있을 존	빠질 함	갈 지	죽을 사	땅 지	그럴 연
後	生	夫	衆	陷	於	害	然	後	能	爲	勝
뒤 후	날 생	지아비 부	무리 중	빠질 함	어조사 어	해할 해	그럴 연	뒤 후	능할 능	할 위	이길 승
敗											
패할 패											

是故始如處女 敵人開户 後如脫兎 敵不及拒
시고시여처녀 적인개호 후여탈토 적불급거

그러므로 처음에는 처녀와 같고 적이 성문을 개방한 연후에는 탈출하는 토끼처럼 적이 미처 막지 못하게 한다.

是	故	始	如	處	女	敵	人	開	户	後	如
이 **시**	연고 **고**	비로소 **시**	같을 **여**	곳 **처**	여자 **녀**	대적할 **적**	사람 **인**	열 **개**	집 **호**	뒤 **후**	같을 **여**
脫	兎	敵	不	及	拒						
벗을 **탈**	토끼 **토**	대적할 **적**	아닐 **불**	미칠 **급**	막을 **거**						

孫子曰 兵者 國之大事 死生之地
存亡之道 不可不察也 故經之以五
校之以計 而索其情 一曰道 二曰天
三曰地 四曰將 五曰法

道者 令民與上同意也 故可與之死 可與之生
而民不畏危也

將者 智信仁勇嚴也 法者 曲制
官道 主用也 計利以聽 乃爲之勢
以佐其外 勢者 因利而制權也

孫子曰 凡用兵之法 全國爲上 破國次之
全軍爲上 破軍次之 是故百戰百勝
非善之善者也 不戰而屈人之兵 善之善者也

兵者 詭道也 故能而示之不能
用而示之不用 近而示之遠 遠而示之近
利而誘之 亂而取之 實而備之
强而避之 怒而撓之 卑而驕之

故上兵 伐謀 其次 伐交 其次
伐兵 其下攻城 故善用兵者
屈人之兵而非戰也 拔人之城而非攻也

國之貧於師者遠輸 遠輸則百姓貧
近於師者貴賣 貴賣則百姓財竭
財竭則急於丘役

夫將者 國之輔也 輔周則國必强
輔隙則國必弱 上下同欲者勝 以虞待不虞者勝
將能而君不御者勝 此五者 知勝之道也

第十二
火攻篇
화공편

行火必有因 煙火必素具 發火有時
행 화 필 유 인 연 화 필 소 구 발 화 유 시
起火有日
기 화 유 일

화공을 실행할 때는 반드시 이유가 있고, 불을 연소시킬 수 있는 재료는 반드시 갖추어야 하고, 불을 지르는 데는 때가 있고, 불이 일어나는 데는 날이 있다.

行	火	必	有	因	煙	火	必	素	具	發	火
다닐 **행**	불 **화**	반드시 **필**	있을 **유**	인할 **인**	연기 **연**	불 **화**	반드시 **필**	본디 **소**	갖출 **구**	필 **발**	불 **화**
有	時	起	火	有	日						
있을 **유**	때 **시**	일어날 **기**	불 **화**	있을 **유**	날 **일**						

夫戰勝攻取 而不修其功者凶 命曰
부 전 승 공 취 이 불 수 기 공 자 흉 명 왈

費留 故曰 明主慮之 良將修之
비 류 고 왈 명 주 려 지 양 장 수 지

무릇 전쟁에 승리하고 공격하여 취하더라도 그 공을 거두지 않는 자는 흉하니 이를 이름하여 비류(치러야 할 비용이 아직 남음)라 한다. 그러므로 현명한 군주는 이것을 고려하고 훌륭한 장군은 이것을 다스릴 수 있어야 한다.

夫	戰	勝	攻	取	而	不	修	其	功	者	凶
지아비 **부**	싸움 **전**	이길 **승**	칠 **공**	가질 **취**	말 이을 **이**	아닐 **불**	닦을 **수**	그 **기**	공 **공**	놈 **자**	흉할 **흉**
命	曰	費	留	故	曰	明	主	慮	之	良	將
목숨 **명**	가로 **왈**	쓸 **비**	머무를 **류**	연고 **고**	가로 **왈**	밝을 **명**	임금 **주**	생각할 **려**	갈 **지**	어질 **양**	장수 **장**
修	之										
닦을 **수**	갈 **지**										

非利不動 非得不用 非危不戰 主不
비 리 부 동 비 득 불 용 비 위 부 전 주 불

可以怒而興師 將不可以慍而致戰
가 이 노 이 흥 사 장 불 가 이 온 이 치 전

이로움이 없으면 움직이지 않고 소득이 없으면 쓰지 않고 위태롭지 않으면 싸우지 않는다. 군주는 노여움으로 군사를 일으키지 않고 장군은 성내어 전쟁을 해서는 안 된다.

非	利	不	動	非	得	不	用	非	危	不	戰
아닐 **비**	이로울 **리**	아닐 **부**	움직일 **동**	아닐 **비**	얻을 **득**	아닐 **불**	쓸 **용**	아닐 **비**	위태할 **위**	아닐 **부**	싸움 **전**
主	不	可	以	怒	而	興	師	將	不	可	以
임금 **주**	아닐 **불**	옳을 **가**	써 **이**	성낼 **노**	말 이을 **이**	일 **흥**	스승 **사**	장수 **장**	아닐 **불**	옳을 **가**	써 **이**
慍	而	致	戰								
성낼 **온**	말 이을 **이**	이를 **치**	싸움 **전**								

合於利而動 不合於利而止 怒可以復
합 어 리 이 동 불 합 어 리 이 지 노 가 이 부

喜 慍可以復悅 亡國不可以復存 死
희 온 가 이 부 열 망 국 불 가 이 부 존 사

者不可以復生
자 불 가 이 부 생

이익에 합하면 움직이고 이익에 합하지 않으면 움직이지 않는다. 분노는 다시 기쁨이 될 수 있고 성냄은 다시 즐거움이 될 수 있지만, 망한 국가는 다시 존재할 수 없고 죽은 자는 다시 살아날 수 없다.

合	於	利	而	動	不	合	於	利	而	止	怒
합할 **합**	어조사 **어**	이로울 **리**	말 이을 **이**	움직일 **동**	아닐 **불**	합할 **합**	어조사 **어**	이로울 **리**	말 이을 **이**	그칠 **지**	성낼 **노**
可	以	復	喜	慍	可	以	復	悅	亡	國	不
옳을 **가**	써 **이**	다시 **부**	기쁠 **희**	성낼 **온**	옳을 **가**	써 **이**	다시 **부**	기쁠 **열**	망할 **망**	나라 **국**	아닐 **불**
可	以	復	存	死	者	不	可	以	復	生	
옳을 **가**	써 **이**	다시 **부**	있을 **존**	죽을 **사**	놈 **자**	아닐 **불**	옳을 **가**	써 **이**	다시 **부**	날 **생**	

故明君愼之 良將警之 此安國全軍之道也
고 명 군 신 지 양 장 경 지 차 안 국 전 군 지 도 야

그러므로 뛰어난 군주는 이를 신중히 하고 훌륭한 장군은 이를 경계한다. 이것이 국가를 편안하게 하고 군을 온전하게 하는 방법이다.

故	明	君	愼	之	良	將	警	之	此	安	國
연고 **고**	밝을 **명**	임금 **군**	삼갈 **신**	갈 **지**	어질 **양**	장수 **장**	깨우칠 **경**	갈 **지**	이 **차**	편안 **안**	나라 **국**
全	軍	之	道	也							
온전할 **전**	군사 **군**	갈 **지**	길 **도**	어조사 **야**							

孫子曰 兵者 國之大事 死生之地
存亡之道 不可不察也 故經之以五
校之以計 而索其情 一曰道 二曰天
三曰地 四曰將 五曰法

道者 令民與上同意也 故可與之死 可與之生
而民不畏危也

將者 智信仁 勇嚴也 法者 曲制
官道 主用也 計利以聽 乃爲之勢
以佐其外 勢者 因利而制權也

孫子曰 凡用兵之法 全國爲上 破國次之
全軍爲上 破軍次之 是故百戰百勝
非善之善者也 不戰而屈人之兵 善之善者也

兵者 詭道也 故能而示之不能
用而示之不用 近而示之遠 遠而示之近
利而誘之 亂而取之 實而備之
强而避之 怒而撓之 卑而驕之

第十三

用間篇

용간편

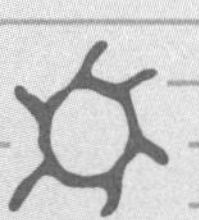

故上兵 伐謀 其次 伐交 其次
伐兵 其下攻城 故善用兵者
屈人之兵而非戰也 拔人之城而非攻也

國之貧於師者遠輸 遠輸則百姓貧
近於師者貴賣 貴賣則百姓財竭
財竭則急於丘役

夫將者 國之輔也 輔周則國必强
輔隙則國必弱 上下同欲者勝 以虞待不虞者勝
將能而君不御者勝 此五者 知勝之道也

故明君賢將 所以動而勝人 成功出於
고 명 군 현 장 소 이 동 이 승 인 성 공 출 어
衆者 先知也
중 자 선 지 야

그러므로 뛰어난 군주와 현명한 장군이 움직여 적을 이기고 대중보다 뛰어나게 공을 이루는 이유는 먼저 알기 때문이다.

故	明	君	賢	將	所	以	動	而	勝	人	成
연고 **고**	밝을 **명**	임금 **군**	어질 **현**	장수 **장**	바 **소**	써 **이**	움직일 **동**	말 이을 **이**	이길 **승**	사람 **인**	이룰 **성**
功	出	於	衆	者	先	知	也				
공 **공**	날 **출**	어조사 **어**	무리 **중**	놈 **자**	먼저 **선**	알 **지**	어조사 **야**				

先知者 不可取於鬼神 不可象於事
선 지 자 불 가 취 어 귀 신 불 가 상 어 사

不可驗於度 必取於人 知敵之情者也
불 가 험 어 도 필 취 어 인 지 적 지 정 자 야

먼저 아는 것은 귀신에게서 얻을 수 없고 일에서 유추할 수 있는 것도 아니며 경험으로도 알 수 없고 반드시 사람에게서 적의 실정을 아는 것이다.

先	知	者	不	可	取	於	鬼	神	不	可	象
먼저 **선**	알 **지**	놈 **자**	아닐 **불**	옳을 **가**	가질 **취**	어조사 **어**	귀신 **귀**	귀신 **신**	아닐 **불**	옳을 **가**	코끼리 **상**
於	事	不	可	驗	於	度	必	取	於	人	知
어조사 **어**	일 **사**	아닐 **불**	옳을 **가**	시험 **험**	어조사 **어**	법도 **도**	반드시 **필**	가질 **취**	어조사 **어**	사람 **인**	알 **지**
敵	之	情	者	也							
대적할 **적**	갈 **지**	뜻 **정**	놈 **자**	어조사 **야**							

故三軍之事 莫親於間 賞莫厚於間
고 삼 군 지 사 막 친 어 간 상 막 후 어 간
事莫密於間
사 막 밀 어 간

그러므로 삼군의 일에는 간첩보다 친밀한 것이 없고 상 주는 것은 간첩보다 후한 것이 없고 일하는 것이 간첩보다 비밀스러운 것이 없다.

故	三	軍	之	事	莫	親	於	間	賞	莫	厚
연고 **고**	석 **삼**	군사 **군**	갈 **지**	일 **사**	없을 **막**	친할 **친**	어조사 **어**	사이 **간**	상줄 **상**	없을 **막**	두터울 **후**
於	間	事	莫	密	於	間					
어조사 **어**	사이 **간**	일 **사**	없을 **막**	빽빽할 **밀**	어조사 **어**	사이 **간**					

非聖智不能用間 非仁義不能使間 非微妙不能得間之實
비 성 지 불 능 용 간 비 인 의 불 능 사 간 비 미 묘 불 능 득 간 지 실

뛰어난 지혜가 없으면 간첩을 사용할 수 없고 인의가 없으면 간첩을 부릴 수 없고 미묘하지 않으면 간첩을 이용하여 실효를 거둘 수 없다.

非	聖	智	不	能	用	間	非	仁	義	不	能
아닐 **비**	성인 **성**	지혜 **지**	아닐 **불**	능할 **능**	쓸 **용**	사이 **간**	아닐 **비**	어질 **인**	옳을 **의**	아닐 **불**	능할 **능**
使	間	非	微	妙	不	能	得	間	之	實	
하여금 **사**	사이 **간**	아닐 **비**	작을 **미**	묘할 **묘**	아닐 **불**	능할 **능**	얻을 **득**	사이 **간**	갈 **지**	열매 **실**	

微哉微哉 無所不用間也 間事未發而
미 재 미 재 무 소 불 용 간 야 간 사 미 발 이

先聞者 間與所告者皆死
선 문 자 간 여 소 고 자 개 사

미묘하고 미묘하다. 간첩을 쓰지 않는 곳이 없다. 간첩의 일이 아직 일어나지 않았는데 미리 알려지면 간첩과 더불어 그 정보를 알린 자도 모두 죽여야 한다.

微	哉	微	哉	無	所	不	用	間	也	間	事
작을 **미**	어조사 **재**	작을 **미**	어조사 **재**	없을 **무**	바 **소**	아닐 **불**	쓸 **용**	사이 **간**	어조사 **야**	사이 **간**	일 **사**
未	發	而	先	聞	者	間	與	所	告	者	皆
아닐 **미**	필 **발**	말 이을 **이**	먼저 **선**	들을 **문**	놈 **자**	사이 **간**	더불 **여**	바 **소**	고할 **고**	놈 **자**	다 **개**
死											
죽을 **사**											

凡軍之所欲擊 城之所欲攻 人之所欲
범 군 지 소 욕 격 성 지 소 욕 공 인 지 소 욕

殺 必先知其守將 左右 謁者 門者 舍
살 필 선 지 기 수 장 좌 우 알 자 문 자 사

人之姓名 令吾間必索知之
인 지 성 명 영 오 간 필 색 지 지

무릇 공격하고자 하는 군대, 공략하려는 성, 죽이고자 하는 사람에 대해서는 반드시 그 수장과 좌우 측근과 연락병, 수문장, 사인의 이름을 먼저 알아야 한다. 아군의 간첩으로 하여금 반드시 찾아 알리게 한다.

凡	軍	之	所	欲	擊	城	之	所	欲	攻	人	之
무릇 **범**	군사 **군**	갈 **지**	바 **소**	하고자할 **욕**	칠 **격**	성 **성**	갈 **지**	바 **소**	하고자할 **욕**	칠 **공**	사람 **인**	갈 **지**
所	欲	殺	必	先	知	其	守	將	左	右	謁	者
바 **소**	하고자할 **욕**	죽일 **살**	반드시 **필**	먼저 **선**	알 **지**	그 **기**	지킬 **수**	장수 **장**	왼 **좌**	오른쪽 **우**	뵐 **알**	놈 **자**
門	者	舍	人	之	姓	名	令	吾	間	必	索	知
문 **문**	놈 **자**	집 **사**	사람 **인**	갈 **지**	성씨 **성**	이름 **명**	하여금 **영**	나 **오**	사이 **간**	반드시 **필**	찾을 **색**	알 **지**
之												
갈 **지**												

必索敵人之間來間我者 因而利之 導
필 색 적 인 지 간 래 간 아 자 인 이 리 지 도

而舍之 故反間可得而用也
이 사 지 고 반 간 가 득 이 용 야

아군의 정보를 수집하려고 왕래하는 적국의 간첩을 반드시 수색하여 찾아내고 관계를 맺어 이익을 제공하고 꾀어내어 머물게 하면 반간으로 이용할 수 있다.

必	索	敵	人	之	間	來	間	我	者	因	而
반드시 **필**	찾을 **색**	대적할 **적**	사람 **인**	갈 **지**	사이 **간**	올 **래**	사이 **간**	나 **아**	놈 **자**	인할 **인**	말 이을 **이**
利	之	導	而	舍	之	故	反	間	可	得	而
이로울 **리**	갈 **지**	인도할 **도**	말 이을 **이**	집 **사**	갈 **지**	연고 **고**	돌이킬 **반**	사이 **간**	옳을 **가**	얻을 **득**	말 이을 **이**
用	也										
쓸 **용**	어조사 **야**										